電気機器の電気力学と制御

［電磁現象のモデリングから制御系設計まで］

坂本 哲三●著

超電導

電磁気学

磁性体

センサ

情報工学

アクチュエータ

電子工学

制御工学

機械工学

JN247033

森北出版株式会社

ま え が き

　電気機器の制御系を設計しようとすれば，対象のダイナミクスを数式に表現することが出発点であるが，定式化のためには電磁気や材料などの知識が必要とされる．

　これまで出版されているそれぞれ特長のある種々の電磁気，電気機器，電気材料および制御工学に関する本は，各々が独立した視点をもっているために，たとえば電磁気や電気材料の本を読んでも電気機器に直接関連する深い内容の習得は初学者にとって容易ではない．しかし，近年のメカトロニクスに対する関心の増大を考えると横断的な内容をもつ本が必要であると考えられる．

　本書はそのような目的に沿うもので，著者が制御工学専攻の学部3年生に対して行っている講義のノートに大幅な加筆を行ったものである．読者の対象は，電磁気と制御工学の基礎的な学習を終えた大学電気系学科の高学年，大学院生および企業の研究者・技術者などである．

　大学などで本書を授業に利用する場合には，目的に沿って項目の取捨選択を行っていただければよいが，たとえば通年の授業としてメカトロニクス装置のモデリングから制御までを扱う場合には，次のような選択が可能であろう．

1. 第2章の磁性体の特性，磁気回路の解析
2. 第3章の超電導体の特性
3. 第4章の電磁力の計算
4. 第5章におけるアクチュエータの基本要素，吸引形磁気浮上装置のモデリングと制御系設計
5. 第6章におけるサーボモータの基本特性と制御系設計

　　　ただし，第1章の電磁気は理解を助けるために適宜引用する．

　また，範囲をさらに狭めて半期の授業とし，電磁力装置の制御を扱うものとすれば，

1. 第5章におけるアクチュエータの基本要素，吸引形磁気浮上装置のモデリングと制御系設計
2. 第6章におけるサーボモータの基本特性と制御系設計

も適切な選択である．講義の内容に合わせて章を選ばれても問題を生じない記述と

している．重要な項目は索引に並べているので，それを参照することもおすすめしたい．

　執筆に際して，第2章の磁性体について長崎大学の樋口剛氏，第3章の超電導に関しては九州工業大学の小森望充氏に，第4章の特にアクチュエータの記述については安川電機の岩渕憲昭氏および元安川電機の水口正男氏，そして第6章について安川電機の堀田忠和氏に，それぞれ貴重なご指摘をいただいた．また，森北出版の大湊国弘氏には企画から出版までお世話になった．感謝を申し上げるしだいである．

2007年3月

著　者

目　　次

序　章

メカトロニクス装置の
モデリングと制御系設計

0.1　メカトロニクスにおける電気力学と制御 ●————

　メカトロニクス (mechatronics) というカテゴリーは人によって捉え方が異なるが，機械・電気・情報にわたる知識の要求される動的装置を扱う学問というのが一般的な捉え方であろう．そもそもこの用語は，純粋な機械的装置によっては達成できなかった性能を，電気的なアクチュエータやセンサなどを導入することによって可能にしようという動きの中でつくり出されたものであると考えられる．電気的に動作する装置はコンピュータとのインターフェースが良く，したがって高機能化が容易で，さらにしばしば装置の小型化および高効率化が可能となる特長も伴う．

　図 0.1 にメカトロニクスの概念的な構成を示すが，本書が扱う項目名を網かけで示している．本書では視点をメカトロニクス的な装置のモデリングと制御系設計において，電磁気学，磁性体，超電導，アクチュエータおよび制御工学に焦点を絞り詳細に述べるものである．すなわち，装置の制御系設計という観点で眺めると，各種の現象が互いに影響を及ぼしあうので，思い通りの性能や特性をもたせるには広い知識が要求される．制御理論だけの知識だけでは装置の設計はできず，もちろん電気工学だけでも同じである．

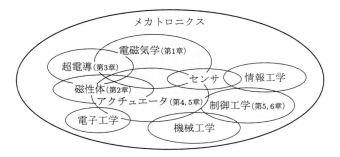

図 0.1　メカトロニクスにおける本書の位置付け

　一方，まえがきにも述べたが，各項目に相当する専門書を読んでも，視点がそれぞれにおいて異なるために効率的な学習は一般に難しく，習得には長い時間を要することになる．本書の内容は横断的ではあるが決して独立した概論ではなく，学際領域の学問であることを念頭に，メカトロニクスの特に電気工学と制御工学に関する横断的な深い学習を目的とし，各項目の有機的な内容のつながりを意識した記述としたつもりである．一口にメカトロニクスの電気工学といっても，図 0.1 に示すように電磁気学を始めとした種々の要素がダイナミックに絡み合うので，本書のタイトルでは電気力学という用語でそれを表現した．

0.2　本書の概要と展開する項目 ●━━━━━━━━━━

　第 1 章の電磁気の記述については，応用面から見た現象の記述に重点をおき，すでに電磁気学の基礎を学習した読者を前提としている．物理変数 E, D, B, H については物理的な違いが非常にわかりにくく，これまでに出版されている多くの本において一般に明確な記述が避けられている傾向が強いが，あえて物理的な説明を試み，合理的な説明となっていると考えられる．また，H は「磁界の強さ」と呼ばれてあたかも示強性変数であるかのように名前がついてしまっているが，磁界における示強性変数は厳密には B であり，E-B 対応が基本である．しかし，物理的厳密性の議論の一方では，磁性体を含む系の取り扱いについては慣習的に E-H 対応が根付いており，H はまさに「磁界の強さの取り扱い」を受けている．

　本書ではしたがって，第 1 章で E-B 対応が基本であるという物理的な厳密性に言及しつつも，第 2 章以後は第 1 章の基本方程式の形を保ちながら，E-H 対応に基づいた扱いとし，学問的観点と実用的見地の調整を図っている．もちろん，他に異なる思想はあるものの，これは多くの先人の方向にならったものである．また，自己および相互誘導現象のメカニズムについてこれまでの書物にその説明は見られないが，マクスウェルの方程式を基にした新たな物理的説明を紹介している．これにより，導体板に流れるうず電流のような場合の自己・相互誘導現象について，これまで漠然とした解釈をするしかなかったものが，明確なイメージとして現象の把握を容易にしたと考える．

　第 2 章では，電気機器の理解と解析に必要な磁性体内部の物理現象，解析の方法，材料の種類，あるいは磁気回路などについて詳細な説明を行った．磁性体は磁化を等価な磁化電流あるいは等価な磁荷として表現できること，そして B と H の

分布の違いなどを詳述した．これにより，たとえば鉄心ソレノイドはコイル電流に磁化電流が加わった形とみなせることや，永久磁石の磁化の，それに等価な電流への定量的な置き換えなどが学習できる．

第 3 章では，近年応用が活発になりつつある超電導体について，材料の種類，超電導のメカニズム，発展の経緯，および応用などについて基礎知識が習得できるように述べた．

第 4 章では，電磁エネルギーと力学エネルギーの相互変換に関するエネルギー保存則を示し，電磁力の導出法を示した．マイクロマシンや MEMS は現代の研究の一つの流れとなっており，静電アクチュエータはマイクロ化に適しているが，その発生力を抑えるのが絶縁破壊であることからパッシェンの法則を詳細に述べた．また，アクチュエータの小形化にあたって，静電アクチュエータと磁気アクチュエータの基本モデルを設定し，スケーリングの前提条件を明確にした上でスケーリング則の定式化を行い，マシンのスケールに対する種々の物理量の依存性を紹介する．

第 5 章では，アクチュエータや浮上システムについて，静電力および磁気力を用いた機器の構成要素を電荷および磁荷という観点で述べ，種々の電磁力発生系のトポロジーや安定性について統一的に説明を試みた．すなわち，磁界を生じる要素には電流と磁性体の磁化があるが，それらを磁荷として表現してアクチュエータの基本要素を整理して，モータや磁気浮上の原理について述べた．

メカトロニクス装置本体の動作が不安定な場合は制御がもちろん必要であるが，逆に本体が安定ではあっても，望ましい動作をさせるためにも制御装置が必要となる．そこで，特に不安定性が強くかつ非線形という特徴をもつために制御の難しい吸引形浮上系の制御系設計について，モデリングと基本的なコントローラの設計をまず述べ，そしてオブザーバ併合制御系というデリケートな設計も詳述し，一方で電磁気的な側面もみえるように数値シミュレーションを示した．制御理論に関しては，定値制御，安定性，非線形な制御対象の線形化，状態空間表現，極配置，LQ 最適制御，および状態推定 (オブザーバ)，オブザーバ併合制御系などの項目について学習する．

図 0.2 にモデリングとコントローラの設計の重要性を概念的に描いているが，メカトロニクス装置 (＝メカトロニクス的な装置) の望ましい動作を達成するためには，装置本体の設計はもちろんであるが，次にはそれをどれだけ正確にモデリングできるかということとコントローラの設計が重要であり，これら三つの要素の面積が表す完成度が大きいほど，装置の望ましい動作に近づくことになる．ロバスト制

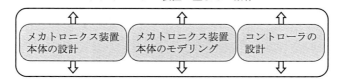

図 **0.2** 　メカトロニクス装置の望ましい性能の達成

御という，モデリングの不正確さやパラメータ変動などの不確定性を考慮した制御系設計法が発展したとはいっても，その不確定性が少なくなるほど制御性能は向上できるのである．

　第 6 章では，装置本体の動作が安定なサーボ制御系設計に関し，ボード線図を用いたループ整形による設計と積分形最適レギュレータ制御理論の設計について述べた．また，第 5 章で示した磁荷の基本要素の概念を用いて直流モータの動作原理を示し，これまでの他の本で行われている *Bli* 則を用いた説明に比べて，はるかに容易にトルクの発生が理解できることも示した．モータの実際の現象としても，電流に力が作用しているのではなく鉄心に作用していることを考えれば，説明が容易であるばかりでなくむしろ適切であるといえる．この章での制御理論の学習項目としては，追従制御，周波数領域における古典的コントローラ設計手法，LQ 最適制御を用いたサーボ系設計法などを述べている．

　以上が本書の主な内容である．メカトロニクス装置本体の設計と正確なモデリングを行おうとすれば前述の電気力学の知識が必要となるが，第 1 章から第 4 章までがそれに該当することになる．さらに，そのような装置を思い通りに動かすためには得られたモデリングを基にしたコントローラの設計法を知る必要があり，第 5 章と第 6 章で学習することになる．なお，章末の演習問題は理解を深めるためだけでなく，部分的には本文中に述べる代わりに解答と共に書き加えたものもあり，適宜参照願いたい．

第1章
電磁現象の基礎

　電荷と電流はそれぞれ電界および磁界から力を受けるが，それらをまとめて**電磁界** (electromagnetic filed) と呼ぶ．電磁界は，電荷の流れが導く**電気的エネルギー** (electrical energy) と**力学的エネルギー** (mechanical energy) の相互変換を行うための仲介の役割を果たす (図 **1.1**)．電荷や電流に電磁界が作用して生じる力を**電磁力** (electromagnetic force) と呼ぶが，電磁力を利用した種々の装置がある．電磁力装置を理解してモデリングを行うためには，まず電磁気学の基礎を固めることが重要であり，この章では電磁現象の物理的な意味と数式表現について眺めてみよう．

　物質は原子から構成されており，さらに原子は正の電荷をもつ原子核と負の電荷をもつ電子でつくられている (図 **1.2**)．

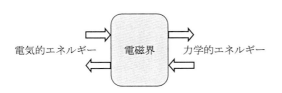

図 **1.1**　電磁界によるエネルギー変換

図 **1.2**　原子

　すべての物質がこのようにきわめて電気的なものでありながら，自然界で電気的なものを意識することはそれほど多くない．その理由は，原子核と電子の電荷量は符号が反対で互いに電荷量が等しいので，基本的には電子が原子核に対する位置を変えたり，電子が束縛を逃れて飛び出したりしない限り，外からは電荷の存在が見えないからである．つまり，その場合電磁現象は生じない (図 **1.3**)．

　しかし，原子の中で最も外側の軌道を回る電子は，比較的に容易にその位置を変える傾向をもち，外部から十分なエネルギーを与えると，物質から離脱して空中に飛び出すこともある．服を脱いだり絨毯を歩いたりするときに生じる静電気は，摩擦による熱エネルギーにより，電子がエネルギーをもらって原子から離脱し，こすり合った相手側の物体に移動した結果として現れるものである (図 **1.4**)．

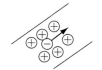 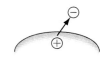

(a) 原子核からの束縛を半ば
逃れて，物体内を電子が
移動

(b) 原子核からの束縛を完全に
逃れて，電子が物体外へ離
脱

図 **1.3** 電磁現象発生の出発点は電子の移動

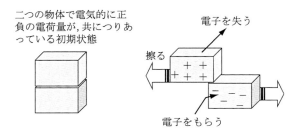

二つの物体で電気的に正
負の電荷量が，共につりあ
っている初期状態

電子を失う

擦る

電子をもらう

図 **1.4** 二種類の物質を擦るとどちらかが電子を失う．

電子を失った側と得た側の原子は，それぞれ正のイオンと負のイオンの形となる．また，下敷きで髪の毛をこすれば，下敷きを引き上げる動作により，髪の毛が引かれるという現象を経験するが，それは電子が移動したことによる正負イオン間の引力が原因となっている．

この現象は次のように**帯電列** (triboelectric series) として説明され，二種類の物質を擦り合わせたときに電子を失いやすいもの，つまり正のイオンとなりやすいもの (以下の帯電列で + に近いもの) から，電子を奪う力の強いもの，すなわち負のイオンになりやすいもの (同様に − に近いもの) まで序列化される．

(+) ガラス (glass) > 人毛 (human hair) > ナイロン (nylon) > 絹 (silk) > アルミニウム (aluminum) > 紙 (paper) > 鋼 (steel) > ポリエステル (polyester) > テフロン (teflon) (−)

ただし，この順序は材料の表面の状態により変わりやすいことに注意する．帯電列における配置の離れているものほど，移動する電荷量は多くなり，したがって電位差も大きくなる．なお，金属の場合は仕事関数により容易に序列化される．

1.1 電　界 ●

　絨毯を歩けば人の体には正か負のいずれかの電荷が蓄積されることになる．このときの電磁現象はもちろん目には見えないが，蓄積された電荷が周りを通常とは異なる空間にしてしまっていることは間違いない．その証拠に，ドアのノブに不用意に触ろうとするものなら，ドアのノブと手の間に火花が飛んでしまうのである．火花は電荷の移動現象であるが，電荷を移動させる力は**電界** (electric field) と呼ばれる目には見えない空間の変容が原因となっている．理学の分野では電界という用語に代わって「電場」という用語が用いられるが，その空間自体を指し示すために工学理学の両方において**場** (field) という用語を用いる．

1.1.1　E の 定 義

　電界とは何かについて話を始めよう．空間のある点で観測してみたときに電荷が力を受けたとすれば，目には見えない何らかの場が形成されているといえる．つまり，電荷のみが力を受ける電気的な場であるが，この場を電界と呼ぼうというのである（図 1.5 (a)）．逆にいえば，電界があるかどうかは電荷によって観測するしかないことになる．その場の強さを調べるためには電荷を用いるしかないが，試験的に想像上で用意する，場の源の分布に影響を与えないような小さい電荷を**試験電荷** (test charge) と呼ぶ．試験電荷を用いると場所によって大きさと方向の変わる力 f が観測されるが，その力をもって電気的な場の強さ，つまり**電界の強さ** E (electric field strength, electric field intensity, electric intensity) とする．そこで，たとえば電荷 Q を空間のある一点においたとすれば，その周囲には電界が形成されることが試験電荷 q を近づけることで明らかとなるが，力の測定によって以下のことがわかる．

　（ⅰ）　力の方向は二つの電荷 Q と q を結ぶ直線に沿っており，電荷の符号が同じ

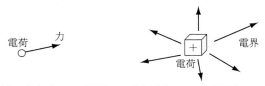

(a) 電荷が力を受ける＝電界　　(b) 電荷によって電界をつくる
　　　　　　　　　　　　　　　　　 ことができる

図 **1.5**　電荷と電界

場合は反発力，逆の場合は吸引力となる．

（ⅱ）　力は電荷 Q あるいは q の大きさに比例する．

つまり，電界の強さは電荷 Q [C] に比例し，試験電荷に作用する力はまた試験電荷の量 q に比例している．そこで，試験電荷 q [C] に作用する力 f によって電界の強さ E を

$$E = \frac{f}{q} \qquad \text{[V/m]} \tag{1.1}$$

と定義する．力と電界の強さは大きさと共に方向をもつベクトル量であり，もし図に表現できれば視覚的に現象を把握することができて便利である．ここで，「電界」は物理変数ではなく電気的な「場」を指す言葉であり，「電界の強さ」が物理変数であることに注意しなければならない．電界の強さの視覚的表現の方法を検討して，電界はどのように生じるかについて明らかにしよう．

電荷 Q のつくる電界を調べるために試験電荷 q の場所を変えたとき，電荷 q に働く力，すなわち電界の強さと方向をいくつかの場所で矢印を用いて描いてみたのが図 **1.6** (a) であるが，ここでは強さを線の太さ，方向を矢印で示している．しかし，確かにベクトルを表現しているものの，線の太さを微妙に変えながら全空間について実行することは簡単ではない．そこで，強さを示すためのより合理的な方法として，線の密度の大小で表現することが考えられる (同図 (b))．つまり，ベクトルで表現される物理量を視覚的に表現するのに，方向について矢印，強さには線の密度を用いると便利でわかりやすい．このような線を**力線** (line of force) と呼ぶ．

電界の強さのベクトルを表現する力線を**電気力線** (line of electric force) というが，電荷 Q のつくる電界は図 **1.7** のように描ける．点電荷 Q を中心とする半径 r の球において，力線の密度 $\propto 1/r^2$ が成立しているとする．このとき，半径 r にお

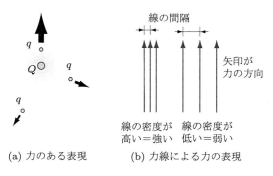

(a) 力のある表現   (b) 力線による力の表現

図 **1.6**　力線によるベクトル量の合理的な図式表現

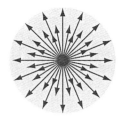

図 **1.7**　電荷のつくる電気力線

ける球表面を貫く力線の本数は，線の密度に表面積を乗じればよいので，力線の本数 $\propto 1/r^2 \cdot 4\pi r^2 = 4\pi$，すなわち力線の本数は半径の大きさにかかわらずつねに一定であることがわかり，電荷の量に応じた一定本数の直線を放射状に一様に配置して，方向を矢印で表現すれば，点電荷による電気力線，したがって電界の強さが表現できる.

1.1.2　D の定義

　後述するように物質内部では物質の外部に正負を別々に取り出すことのできない特殊な電荷が生じ，そのために物質を表現する場の量としては電界の強さだけでは不十分となる. そこで，補助的な変数として電束密度という量を定義する必要があるが，この物理的概念と電界の強さとの関係について説明しよう. 電界の強さ E は電荷が存在することによって生じたが，実は必ずしも電荷の量だけに直接関連している量ではない. そこで，電荷の量に関する変数として導入されるのが電束密度 D となる. すなわち，電界のつくりだす物理現象を表現するには，電界の強さ E だけでは不十分で，電束密度 D が必要となるのである. たとえば，電気回路を表現する物理量として，電圧だけでは不十分で，電流という物理量も必要になったようなものと考えればよいであろう.

　さて，身近でない物理現象あるいは定義を理解するには，類似の見慣れた現象からイメージするのが理解の早道である. たとえば，庭園の芝生のスプリンクラーから水が四方八方に放出されている様子を想像してみよう. ある孤立した点電荷からもそれと同様に何らかの流れの放出が起こっているものとし (図 **1.8**)，あらゆる方向に等方的に放散されていると考えるのである. 水の流れであれば流束という用語を使うが，電荷がつくる流れは**電束** (electric flux, flux of electric displacement) と呼ばれる. ただし，水の場合は流れがあれば蓄えていた水が減ることになるが，それとは異なって，電束の「流れ」については電荷の量が減少することはなく一定で

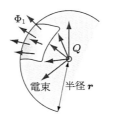

水道の蛇口から出る「水」の
ように，電荷 Q から「電束」
が等方的にあられ出ている
とイメージする

図 **1.8**   電束の発生

ある．電荷が実際に移動しない限り，電荷の量は変化しないのである．

電束は，次の図に示すように電荷 Q が存在すると，3 次元的に四方八方に放散
が生じる流れと考えるのであるが，生じる電束の総量は電荷の大きさと同じ Q [C]
であると定義する．図には，半径 r [m] において考えた球面上の一部を通過する電
束 Φ_1 [C] を示している．半径 r の球面の全表面積はいうまでもなく $4\pi r^2$ [m^2] であ
り，また電束の分布は一様であるという性質により，この球面上における電束の密
度を D とおけば

$$D = \frac{Q}{4\pi r^2} \tag{1.2}$$

と書けることになる．ここで，D を**電束密度** (electric flux density) と呼ぶ．

ところで，電荷 Q と q の間のクーロン力と電束密度の式 (式 (1.2)) を比較すれ
ばわかるが，空気中を考える限りは電束密度と電界の強さには比例関係があること
がわかる．一般にも一様な媒質中では比例関係が成立し，どのような物質であるか
によって比例定数が変わる．真空中における比例定数は**真空の誘電率** (permittivity
of free space) ε_0 と定義され

$$D = \varepsilon_0 E \tag{1.3}$$

となる．すなわち，点電荷 Q のつくる電界の強さは

$$E = \frac{Q}{4\pi\varepsilon_0 r^2} \qquad [\text{V/m}] \tag{1.4}$$

と書ける．ここに，誘電率は真空中と空気中ではほとんど等しく，空気中の値は真
空中の値の 1.0005 倍であるに過ぎない．したがって，ε_0 を空気中での誘電率であ
るとして実用上問題はない．電束密度ベクトルを表す力線は**電束線** (line of electric
flux) と呼ばれる．

1.1.3 分極と電界の構成方程式

　誘電率は材料によって変わり，絶縁物では空気中より大きな値をもつ．絶縁物では材料内部を自由に動ける自由電子 (1.2 節参照) が存在せず，すべての電子は特定の原子に束縛され，原子核に対する相対位置が外部電界によってわずかに変位するのみである．材料に対して作用する外部からの電界 (外部電界 external field と呼ぶ) により，正の電荷をもつ原子核に対して，負の電荷をもつ電子のこのような相対変位が材料全体にわたって生じると，材料全体では図 1.9 のように，絶縁物の表面に電荷が見えることになる．見方を変えれば，正の電荷のかたまりと負の電荷のかたまりが，外部電界によってそれぞれわずかに移動すると考えても良い．この現象を電気分極 (electric polarization) といい，内部では正負が打ち消しあうが，端面においては電荷が見えることになる．この分極による電荷は原子内での電子の分布の中心が原子核に対してずれたことにより現れているものなので，正あるいは負の電荷の部分だけを外部に取り出すことはできず，これを分極電荷 (polarization charge) と呼ぶ．

　分極の結果，図における正の分極電荷から負の分極電荷に向かう，下向きの電界が生じる．分極により生じた電界は外部電界とは逆向きであるので，合計の電界の強さは外部電界よりも弱くなるのである．分極電荷は取り出せないが，それに対してイオンや孤立した電子は外部に取り出すことでき，このような取り出すことのできる電荷を真電荷 (true charge) と呼ぶ．

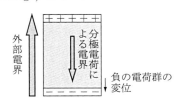

図 1.9　絶縁物におけるマクロな電気的変化

　電束は電荷が源となって生じる「流れ」であると述べたが，さらに厳密にいえば，真電荷によってのみ生じるものであると定義される．つまり，分極電荷は電束を生じるものではないのである．分極が電界を弱める効果をベクトルで P と書けば次式で表される．

$$E \propto D - P \tag{1.5}$$

　1.1.2 項で電束密度と電界の強さの比例定数は材料によって変わると述べたが，ここでは材料の違いを分極 P によって代表させているので，真空中の関係式となる．

したがって，真空中の誘電率を用いて書けば

$$D = \varepsilon_0 E + P \tag{1.6}$$

を得る．これは変数 D と E を結び付けるものであり，一般に**構成方程式** (constitutive equation) と呼ぶ．ここで，分極は作用している電界の強さによって生じていることから，通常は P と E の方向も一致し

$$P = \varepsilon_0 \chi_e E \tag{1.7}$$

と書ける．ここに，材料によって決まる定数 χ_e を**電気感受率** (electric susceptibility) と呼ぶ．以上により，分極の式を電束密度の式に代入すれば

$$D = \varepsilon_0 E + P = \varepsilon_0(1 + \chi_e)E = \varepsilon_0 \varepsilon_r E = \varepsilon E \tag{1.8}$$

と書けて，比例定数 ε は材料によって決まる誘電率である．また，$\varepsilon_r = 1 + \chi_e$ は**比誘電率** (relative permittivity) と呼ばれ，真空の誘電率に対する倍率を意味している．絶縁体とは電流の流れにくさからつけられた名前であるが，一方ではこのような分極という電気的な現象を生じる点に注目して**誘電体** (dielectric materials) とも呼ぶ．電界，電束密度および分極の関係について，図 1.10 に概念図を示す．

図 1.10　電束密度，電界の強さ，分極

ところで，コンデンサは電荷を蓄えることのできる素子のことをいうが，コンデンサの極板付近の絶縁材料に生じる分極電荷は外部に取り出すことのできる電荷ではない．静電容量の大きさ C は，蓄える電荷量 Q の極板間の電位差 V に対する比率を示すものであるが，分極電荷が存在するために静電容量が増すという利点が生じるのであり，理由は以下のようである．誘電体を用いてコンデンサを構成すると，空気だけの場合と比べて，蓄えている電荷の量は同じでも，分極の作用によって内部の電界の強さが弱くなるために，極板間の電位差が小さくなる．したがって，逆に見ると同一の極板間電圧に対しては多くの電荷を蓄積できることになる．

　図1.11を用いて，静電容量が誘電率の大きなものでは大きくなることを説明しよう．まず，電界の強さを E [V/m]，極板間の距離を d [m] とすれば，電界の強さが電位の傾斜を表すので，コンデンサにおける電位差は Ed [V] で表される．図1.9で示したように，図の二種類のコンデンサにおいて同一の電荷量をもつ場合，極板間の電界の強さは $E_1 > E_2$ となって，電位差はしたがって $V_1 > V_2$ であるから，静電容量は誘電率の大きなコンデンサがより大きな値をもつことがわかる．誘電率の大きな材料をもつコンデンサでは，外には取り出すことのできない分極電荷がむだに生じるようにみえるものの，その電荷は極板間の電位差を小さくする効果を示すので，静電容量を大きくするのである．

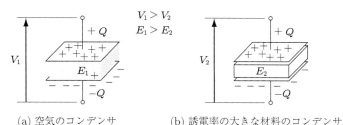

(a) 空気のコンデンサ　　　　(b) 誘電率の大きな材料のコンデンサ

図 1.11　蓄えている電荷は同じ量でも電位差が異なる

例題 1.1　無限に広い一枚の平板に正の電荷が一様に分布しているとする．電気力線を描け．

[解]　平板上の一点に位置している電荷のつくる電界をみた場合，図 **1.12** (a) に示すように放射状の電界が形成されている．しかし，それらの電気力線の合成をしてみると，面から斜めおよび水平に発している力線は，他の場所にある電荷の力線と打ち消しあって，最終的に面から垂直に出る上下に向かう力線のみとなることがわかる．すなわち，板上のすべての点における電荷がつくる，平板に垂直でない成分は互いに打ち消し合い，最終的に図 1.12 (b) のように平板に垂直な電界成分のみとなる．

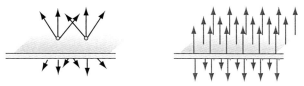

(a) 二つの点状の電荷による電気力線　　　(b) 全体の力線の合成結果

図 **1.12**　面上の電荷分布による電気力線

1.1.4　発散 (div) の物理的意味

電束密度 D と電荷量 Q の関係についての表現を考察し，支配方程式を導いてみよう．電荷 Q を囲む任意の閉曲面 S から流出する電束量を表せば，電束密度と電荷の関係は

$$\int_S \boldsymbol{D} \cdot \boldsymbol{n} \, dS = Q$$

と与えられる．これは言葉で表現すれば

閉曲面からの電束の湧き出し量 = 閉曲面内部に含まれる電荷の量 Q

この関係は，電束量に関する積分式の関係であるが，次に電束密度の微分式で表される関係を示そう．まず，基本原理として次の関係が成り立つ．

ある微小体積から放散される正味の電束の量 = その体積に含まれる電荷

図 **1.13** に示すような，電荷が密度 ρ で分布している空間の一部に，三辺の寸法が Δx, Δy, Δz の微小な直方体を考えて，この直方体を出入りする電束の流れをみることにする．電束は，この直方体内部に存在する電荷がつくるだけでなく，もちろん直方体外部にある電荷もつくり出すが，その場合直方体に入る電束と出る電束の量は等しい．

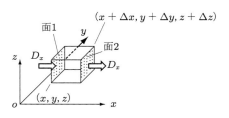

図 **1.13**　電束の出入り

流れとしては x, y, z の三成分があるが，x 成分について考えてみよう．電束の x 成分の出入りは x 軸に垂直な，図の面一と面 2 が対象となる．このとき，x 成分の電束の正味の湧き出し量は，x 成分の電束密度 D_x に面積 $\Delta S = \Delta y \Delta z$ を乗じて，面一で流入量，面 2 で流出量を求めて差をとり

$$D_x(x+\Delta x, y, z) \cdot \Delta y \Delta z - D_x(x, y, z) \cdot \Delta y \Delta z$$

$$= \frac{D_x(x+\Delta x, y, z) - D_x(x, y, z)}{\Delta x} \cdot \Delta x \Delta y \Delta z$$

　ここで，y 座標と z 座標の位置は厳密な表現としては直方体の中心でないといけないが，最終的にはそれは高次の微小量として無視できることに注意する．直方体の体積を $\Delta V = \Delta x \Delta y \Delta z$ とおけば

$$\frac{\Delta D_x}{\Delta x} \Delta V$$

と書けるので，同様に計算して y 成分と z 成分を足せば

$$\left(\frac{\Delta D_x}{\Delta x} + \frac{\Delta D_y}{\Delta y} + \frac{\Delta D_z}{\Delta z} \right) \Delta V$$

が直方体から湧き出す正味の電束量であることがわかる．さらに，この電束の湧き出し量は直方体に含まれる電荷量に等しいので，微分の関係式として表すと次式を得る．

$$\left(\frac{\partial D_x}{\partial x} + \frac{\partial D_y}{\partial y} + \frac{\partial D_z}{\partial z} \right) dV = \rho \cdot dV \tag{1.9}$$

　この式は，坂道の傾斜に関する計算式と同様な形になっていることに注意すればわかりやすい．すなわち，坂道の高さを y，水平軸を x としたときの，傾斜 dy/dx と水平の微小移動距離 dx を用いた微小高さ変化 dy の計算に似た形をもつ．この場合は坂道の高さに相当するものが電束の湧き出し量 $\rho\,dV$ であり，傾斜に相当する部分を

$$\operatorname{div} \boldsymbol{D} = \frac{\partial D_x}{\partial x} + \frac{\partial D_y}{\partial y} + \frac{\partial D_z}{\partial z} = \left(\frac{\partial}{\partial x} \boldsymbol{e}_x + \frac{\partial}{\partial y} \boldsymbol{e}_y + \frac{\partial}{\partial z} \boldsymbol{e}_z \right) \cdot \boldsymbol{D} \tag{1.10}$$

とおいて，これを電束密度 $\boldsymbol{D}$ の発散 (divergence) と呼ぶ (図 **1.14**)．坂道の傾斜に相当する，この発散の値 $\operatorname{div} \boldsymbol{D}$ がわかれば，体積 dV を乗じることで湧き出し量 $\rho\,dV$ が求められる．結局，電束の発散と電荷密度の関係として次式を得る．

$$\operatorname{div} \boldsymbol{D} = \rho \tag{1.11}$$

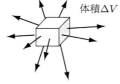

体積 ΔV

| 湧き出し口で，$\operatorname{div}\boldsymbol{D} > 0$ |
| 吸い込み口で，$\operatorname{div}\boldsymbol{D} < 0$ |
| その他の点で，$\operatorname{div}\boldsymbol{D} = 0$ |

$(\operatorname{div}\boldsymbol{D}) \times$体積＝湧き出し量

図 **1.14**　div の物理的な意味

1.2 電 流 ●────────────────────

　金属では，各原子の最も外側の軌道にある電子，すなわち価電子が蝶番 (ちょうつがい) の役割を果たし，原子同士がその結果としていわゆる**金属結合** (metallic bond) により互いに結合している．その蝶番となっている電子は，金属内部を自由に動きまわるので**自由電子** (free electron)，あるいはこれが高い電気伝導性や熱伝導度に寄与することから**伝導電子** (conduction electron) とも呼ぶ．金属の独特な光沢は，この自由電子の光のエネルギーの反射・吸収の性質から生じ，また金属の引き伸ばされやすいという力学的な性質も自由電子の存在に起因している．

　ところで，原子の大きさは 10^{-10} m，原子核は 10^{-15} m のオーダーをもつので，原子核をりんごのサイズ (10 cm) に拡大して考えると，原子の大きさは 10 km にもなるくらいの世界である．原子核に束縛されている電子はその原子核を中心として分布しており，各原子から自由電子が抜けたことにより，残った束縛電子と原子核から成る陽イオンが，自由電子の海の中に埋もれた形で配置することになる．図 1.15 に示すように，自由電子はこのような格子状にならんだ金属イオンの間を，金属イオンと電源によってつくられる両方の電界の力を受けて移動する．格子が整然と配列していれば自由電子の移動は金属イオンからの力に妨げられずに電源のつくる電界の力に従って運動する．しかし，温度に依存した格子の振動が存在するために，電気的な衝突，すなわち金属イオンからの電気的な外乱の力を受けながら，電源がつくる電界による力によって加速を受けて進むのである．ただし，電子は負の電荷をもつので，電界とは逆向きに進むことに注意したい．

　電源を用いて回路に電圧を印加すると，導線内部に電界が生じ，その結果として自由電子が力を受けて運動をすることになる．このときに，電子の運動に対して抵

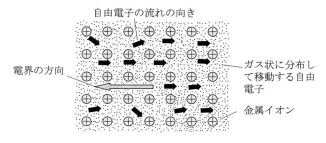

図 1.15　金属中の現象のイメージ

抗がなければ，作用する力の大きさに応じた加速度で電子の速度は増加を続ける．しかし，実際には熱振動をしている格子との電気的衝突を繰り返し受けながら進むのでエネルギー損失を生じ，個々の電子の動きを全体として平均的に眺めれば定常的な運動ができる．雨滴が重力で落下するときに，雨滴に作用する空気抵抗と重力がつりあう終端速度を超えることはないことに多少類似している．

格子の熱振動が激しいほど，伝導電子がそれに衝突する確率は大きくなる．衝突によって失われるエネルギーは金属内部に熱を生じることになり，回路理論ではその係数を電気抵抗 R として表現するが，この損失をジュール損失 (Joule losses, Ohmic losses) と呼ぶ．

電子は負の電荷をもっているので，自由電子の移動は電荷の移動を意味するが，これを電流 (electric current) が生じたという．これは実電荷の移動によるものであり，他の実電荷を伴わないような種類の電流と区別する場合は，特に伝導電流 (conduction current) あるいは実電流 (true current) という．ただし，導線内部において原子核のもつ正の全電荷量と，自由電子を含む電子のもつ負の全電荷量は等しく，したがって全電荷量はゼロであることに注意する．

自由電子が動いていると聞けば，その他の電荷量に注意が向かず，導線は負の電荷をもつものであると誤解する可能性もあるが，そうではないのである．また，電流とは電荷の流れをいうので，一般には必ずしも電流は自由電子の流れであるとは限らず，イオンや半導体における正孔などによる電流もある．金属の場合には移動可能な電荷をもつものは自由電子しかない．一定の電圧をかけると一定の大きさの電流が生じるが，電流を I [A]，電源電圧を V [V]，電子が原子に衝突することによって生じる損失に相当する抵抗を R [Ω] とおいたとき，次のオームの法則が成立する．

$$I = \frac{V}{R} \tag{1.12}$$

このオームの法則は，ある断面積と長さをもつ部分に関する端子間の電圧と電流に関する方程式である．これを，電流の流れているある任意の点に関する方程式として書き直すと次式となる．

$$\bm{j} = \sigma \bm{E} \tag{1.13}$$

ただし，$\bm{j}$：電流密度 [A/m^2]，σ：導電率 [S/m]，$\bm{E}$：電界の強さ [V/m]．

ここで注意しておきたいのは，回路での電源電圧を起電力 (emf: electromotive force) とも呼ぶが，それらと電界の関係についてである．起電力とは，電流を起こ

す力という意味合いの用語であるが，導体内で自由電子を動かして電流をつくっているのは電界である．つまり，起電力とは，回路内部に形成される電界の回路表現である．

　自由電子の数は，原子番号 29 をもつ銅の場合が一原子当り一個，また原子番号 13 をもつアルミニウムの場合で一原子当り三個をもっている．たとえば，アルミニウムの場合の電子の配列は，一番内側の軌道に二個，二番目の軌道に八個が入り，三番目の軌道には充たされることなしに三個のみが存在する (図 **1.16**).

　この三個の電子とそれを除いた部分を大きく二手に分けて眺めれば，電子の電気素量を e として，$+3e$ のイオンの周りに $-3e$ の電子が位置してクーロン力で引き合っていることになる．つまり，小さな力で引き合う電荷が離れて相対している状況であり，結局三個の電子は容易に離れやすくなるのである．

図 **1.16**　アルミニウム原子

　自由電子の数密度を求めるために原子量と比重が必要となるが，銅は原子量と比重が 63.546，8.960 g/cm^3，アルミニウムは 26.981，2.699 g/cm^3 である．すると，数密度は，銅が $6.02 \times 10^{23} \times 8.96010^6/63.546 = 8.5 \times 10^{19}$ mm^{-3}，アルミニウムについては同様にして 1.8×10^{20} mm^{-3} を得る．いかに多くの自由電子が導体内部に存在するかがわかる．電気素量は良く知られているように $e = 1.6 \times 10^{-19}$ C であるので，自由電子の電荷密度は，その電荷量に数密度を乗じると，銅が $Q = 13.6$ C/mm^3，アルミニウムが $Q = 28.8$ C/mm^3 となる．

　自由電子の速度を次に計算してみよう．与えられた自由電子の密度をもつ材料の下で，より多くの電流は，より速い電子の移動速度を意味する．すなわち，電流密度を J [A/m^2]，電子の速度を v [m/s] とおけば，$J = Qv$ と関係付けられる．そこで，導線の過度の温度上昇を起こさないためには，冷却面積に応じ

て電流密度 J を適当な値に抑えなければならない．ここでは銅でできている導線を用いた直流回路について計算を行ってみる．

電気コードが細いものとして，電流密度を $J = 10$ A/mm^2 と仮定すれば，銅の自由電子密度を用いて電子の移動速度は

$$v = \frac{J}{Q} = \frac{1.5 \times 10^6}{1.36 \times 10^{10}} = 1.1 \times 10^{-4} \quad \text{[m/s]}$$

となって，せいぜい自由電子は 1 秒間で 0.7 mm 程度しか進まない速度であることになる．いかにゆっくりとしか電子が進まないかがわかる．ただ，実際の電子の速度はすべてが同じではなく，あくまでもここでは平均の速度を求めていることになる．自由電子はきわめて低速度でしか移動していないにもかかわらず電気製品のスイッチを入れるとすぐに動作する理由は，電子に力を及ぼすところの電界分布が瞬時に伝わることによる．

ところで，回路についてのオームの法則式 (1.12) の計算は非常に単純であるが，一方で，電流の流れているある点についてのオームの法則を表す式 (1.13) の実際の計算は実際には非常に面倒なものになる．つまり，回路的に計算すればきわめて単純であるが，そうでない場合は途端に複雑な問題となるのである．その理由を簡単に述べよう．定常状態での電流は，どこかの点で電流が湧き出したり，あるいは逆に消滅したりすることはなく，回路内で電流はよどみなく流れているので，電流の発散は 0 であり演算子 $\nabla = \partial/\partial x \cdot \boldsymbol{e}_x + \partial/\partial y \cdot \boldsymbol{e}_y + \partial/\partial z \cdot \boldsymbol{e}_z$ として

$$\text{div}\,\boldsymbol{j} = \nabla \cdot \boldsymbol{j} = 0 \tag{1.14}$$

が成立する．これに式 (1.13) を代入すると

$$\text{div}\,(\sigma \boldsymbol{E}) = \nabla \sigma \cdot \boldsymbol{E} + \sigma \text{div}\,\boldsymbol{E} = 0 \tag{1.15}$$

したがって，電界の発散の式，すなわち電荷密度の式が次のように得られる．

$$\text{div}\,\boldsymbol{E} = -\frac{\nabla \sigma}{\sigma} \cdot \boldsymbol{E} \triangleq \frac{\rho_{\text{guide}}}{\varepsilon_0} \tag{1.16}$$

すなわち，電流の案内のために誘導される電荷が

$$\rho_{\text{guide}} = -\varepsilon_0 \frac{\nabla \sigma}{\sigma} \cdot \boldsymbol{E} \tag{1.17}$$

と表される．曲がりくねった回路でもよどみなく電流が流れているのは，この案内用の電荷が生じることによって，導線の表面に垂直な電界が打ち消される

ことによるものであるといえる (図 1.17).

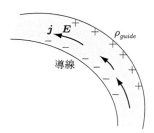

図 1.17　案内電荷の誘導

1.3　磁　界

磁界 (magnetic field) を表現する物理量には B と H があるが，それは電界において二つの変数 E と D が必要とされたのと同じ状況である．電磁界をより効率よく理解するには，電界と磁界の現象を対応させて考察するのがよいと考えられる．しかし，その対応は一つに限る必要はなく，柔軟な思考がより深い理解となる．

1.3.1　B の定義

　一定の電流が流れている導線の近傍では，静止した試験電荷に作用する力はない (図 1.18)．その理由は，導線の内部においては負の電荷をもつ自由電子が移動しているのではあるが，導線のもつ総電荷量はもちろん 0 であり，したがって導線の外部に電界をつくらないからである．

　そこで，たとえば電流の流れと同一方向に正の試験電荷を走らせると，その電荷は電流との距離を縮める方向の，移動速度とは垂直に力を受ける．これは，電流が電界とはまったく異なる種類の場を形成していることが原因であり，また移動する試験電荷は電流を意味するが，電流のつくる場を観測するには電流が必要であることがわかる．電流によって生じている場を磁界と呼ぶが，電界の用語と同様に理学

(a) 静止した電荷には力は働かない　　(b) 速度をもつ電荷には力が作用

図 1.18　磁界の存在を示す力

関係の分野では磁界の呼び方が異なり，「磁場」と呼ばれる．そこで，磁界の「強度」を表す変数 B を定義する式として，磁界中で任意の方向に速度 v で移動する試験電荷 q に作用する電磁力を示せば，外積の演算を用いて次式で表される．

$$f = qv \times B \tag{1.18}$$

すなわち，試験電荷を移動させたときに磁界の存在を確認できるが，定量的にはこの式によって磁界を表現する物理量 B を定義できるということである．図中の試験電荷には電流によって紙面に垂直で，手前から紙面に向かう方向の磁界が生じていることを意味している．B はその意義からすれば，「磁界の強さ」というべきであるが，歴史的な経緯から一般に B は磁束密度 (magnetic flux density)，あるいは稀に磁気誘導 (magnetic induction) とも呼ばれる．磁界が強いかどうかは電流で観測されるが，そのときに観測されるのは B であることに注意しなければならない．この電磁力の式と，電界を定義した力の式をまとめると，電荷に作用する電磁力の一般式として次式を得る．

$$f = q(E + v \times B) \tag{1.19}$$

これをローレンツ力 (Lorentz force) と呼ぶ．

式 (1.18) の電荷量 q [C] は，電荷密度が Q [C/m^3]，導線断面積が S [m^2] で，微小長さ ds [m] の素片を表しているものとすれば，その電磁力を df と書いて

$$df = qv \times B = QSds v \times B$$

を得る．ここで

$$I = JS = QvS$$
$$ds\, v = vd\, s$$

として，電流の流れと同じ向きをもつ線素ベクトル ds を用いて

$$df = Ids \times B \tag{1.20}$$

となる（図 1.19）．ここで，Ids は電流素片ベクトルを表現しており，この式で表される力はアンペールの力 (Ampere's force) と呼ばれる．以上，場の強さを表現する

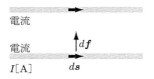

図 1.19　磁界により電流素片に作用する力

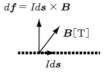

(a) 電荷 q に作用する力 $\boldsymbol{f}$ によって　　(b) 電流素片 $I d\boldsymbol{s}$ に作用する力 $\boldsymbol{f}$ によって
　　電界の強さ $\boldsymbol{E}$ が定義　　　　　　　　　磁束密度 $\boldsymbol{B}$ が定義

図 1.20　場の強さを表す $\boldsymbol{E}$ と $\boldsymbol{B}$ のつくる力

量として電界の強さ $\boldsymbol{E}$ と磁束密度 $\boldsymbol{B}$ を定義したわけであるが，まとめると図 1.20 に示すように場の強さがローレンツ力とアンペールの力で表されたことになる.

さらに進んだ議論

　磁界を表現する物理量には B と H がある.　電流 j と磁束密度 B によって磁界中の電磁力を測定する物理的意義からいえば，磁束密度が磁界の強さを表現するものである.　もし磁荷によって電磁力を測定するものと仮に考えた場合は，H が磁界を表現する変数であるということになる.　しかし現在のところ，正と負に分かれた単独磁荷は発見されていないので，磁荷は想像上のものでしかない.　したがって B を磁界の強さと呼ぶべきところであるが，歴史的な経緯から H が磁界の強さと呼ばれるようになった.　磁束密度という名前は，電界での電気的な流れを表現する電束密度と対応させた形となってしまっている.　電界については電界の強さが E であることは物理的に妥当であり，したがって電磁界を理解するのに E と B を対応させる E–B 対応という記述法がある一方で，E と H を対応させて現象を理解して整理する方法 (E–H 対応) もある.　物理的な厳密さからいえば E–B 対応となるが，E–H 対応にも特長はあるので適宜使い分けることが肝要である.　電気機器の解析を行う場合に磁気回路という概念を用いるが，そこでは磁束密度は強さを表す変数ではなく流れの量を表現する量として扱われ，E–H 対応が用いられる形となる.

1.3.2　H の定義

　鉄のように磁界に反応して磁気を帯びるものを磁性体と呼ぶが，磁性体の存在によって磁界の分布や強さが変わる.　つまり，磁性体が新たな磁界を生じさせている.　したがって，磁界を表現する変数としては磁束密度だけでは足りず，物質の存在を考慮にいれることができるように新たな変数の導入が必要となる.　そこで，電流を

源とする磁界の変数として H という物理変数を導入することになる．対象としての物質が変われば，電界の場合と同様に二つの量がないと場を記述できなくなるのである．

　B をつくるのは電流と並んで磁気を帯びた磁性体も含まれるので，そのままでは磁性体のつくる場を表現するのに不都合を生じる．そこで，両者の違いに着目する必要があり，電流がつくる磁界の変数 H が新たに必要となる．本来は B が場の強さを表すものではあるが，H が磁界の強さ (magnetic field strength) と呼ばれる．

　図 1.21 (a) のように電流が流れていると，その周りには磁界が形成されるが，磁界が閉ループをつくっていることに大きな特徴がある．つまり，電流の流れている場所で磁界の渦がつくられ，電流を中心に同心円状の向きの磁界が生じ，その経路は電流を横切らない．

　これに対して，磁性体がつくる磁界は磁性体の周りで離れて一周するような経路の磁界を生じることはなく，同図 (b) のように磁界は磁性体の端面を発するか通り抜ける形となる．このように電流はそれを中心として同心円状の磁界を形成し，この点が磁性体のつくる磁界と異なる．電流によって生じる磁界の分布は，アンペールの右ねじの法則 (Ampere's cork screw rule) として知られており，右ねじを磁界の向きに回したときに，右ねじの進む方向が電流の向きに対応している．

　そこで，同図 (a) に示すように I [A] の電流が流れているとき，それによって一周の線積分値が I [A] に等しい同心円状の分布をするベクトル H を生じるとし，半径を r [m] とおいて

$$2\pi r \cdot H = I \quad [\text{A}] \tag{1.21}$$

とするのである．すなわち，電流 I [A] の量の流れがあるときにその周回線積分が I に等しい量の H が同心円状に形成される．この定義は，Q [C] の量の真電荷が生ずる場の流れとして，電束の総量は Q [C] に等しいとしたことと非常に類似してい

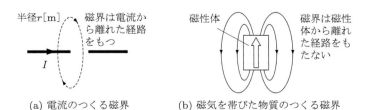

(a) 電流のつくる磁界　　　　(b) 磁気を帯びた物質のつくる磁界

図 1.21　電流と磁化のつくる磁界の違い

る．この式を，電流 I [A] の周りで H の任意の閉路について周回積分を行った値
は I [A] に等しいという，より一般化した表現にすれば

$$\oint_C \boldsymbol{H} \cdot d\boldsymbol{s} = I \qquad [\text{A}] \tag{1.22}$$

となる．これはマクスウェルによって提案された式ではあるが，一般にはアンペー
ルの法則 (Ampere's law) と呼ばれている．周回積分路 C は電流を取り囲む任意の
経路であり，たとえ曲がりくねった曲線を考えて計算してもまったくかまわない．
磁界の強さ H と電束密度 D の物理的な対応関係を図 **1.22** にまとめた．以上によ
り，場の強さとして電磁力により電界の強さ E と磁束密度 B をまず定義し，さら
に場の流れとしての役割をもつ磁界の強さ H と電束密度 D の意味が明確になった
ことになる．

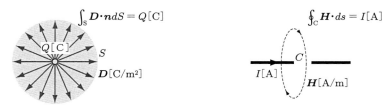

(a) 電荷 Q [C] は面積分値が Q [C] と
　　なる電束密度 D をつくる

(b) 電流 I [A] は周回積分値が I [A] と
　　なる磁界の強さ H をつくる

図 **1.22** D と H の対応

1.3.3 磁界の構成方程式

　磁性体の詳細については第 2 章で述べるが，帯びた磁気の強さを表す「磁化」は
方向と大きさをもつものであるから，それを M で表すと，磁束密度が磁界の強さ
と磁化の 1 次結合の形をもつ次の構成方程式により表される．

$$\boldsymbol{B} = \mu_0 \boldsymbol{H} + \mu_0 \boldsymbol{M} \tag{1.23}$$

　電界の場合でいえば，誘電体の内部では電界の強さが電束密度と分極の 1 次結合
の形で表され，図 1.22 に対応させて

$$\boldsymbol{E} = \frac{\boldsymbol{D}}{\varepsilon_0} - \frac{\boldsymbol{P}}{\varepsilon_0} \tag{1.24}$$

と書ける．電流が存在すれば H がつくられるが，そのような外部磁界にさらされ
た磁性体における，B，H，M についての簡単な概念図を図 **1.23** に示す．
　さて，系の状態を表す変数は状態変数と呼ばれるが，系の大きさに依存しない状

態変数を一般に**示強性** (intensive)，部分系の量の総和が系全体の量になるものを**示量性** (extensive) といい，状態変数は一般にこの二種類に分けられる．言いかえると，「どれだけの強さか」を表すのが示強性であり，どれだけの量かを表すのが示量性の変数である．したがって，以上の電磁気量の定義からわかることは，電界の強さ E と磁束密度 B は共に場の強さを表現する物理量であるので示強変数，電束密度 D と磁界の強さ H はそれぞれの流れの量と直接的な関係をもっており示量変数であるといえる．ちなみに，電気回路における電圧は示強変数，電流は示量変数であり，パワーは一般に示強変数と示量変数の積，すなわち電圧と電流の積で表される．

　第 4 章で述べるように電磁界におけるエネルギーもやはり示強変数 (E あるいは B) と示量変数 (D あるいは H) の積の形として一般に与えられる．したがってパワーやエネルギーは示量変数であり，逆にその示量変数を他の示量変数で割れば示強変数を得る．ところで，磁束密度 B も磁界の強さのベクトル H も共にベクトルであるので，その視覚化には力線が用いられ，それぞれ**磁束線** (line of magnetic flux)，**磁力線** (line of magnetic force) と呼ばれる．

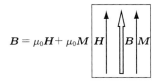

$$B = \mu_0 H + \mu_0 M$$

磁界の強さ H	：電流により発生
磁化 M	：磁界により発生
磁束密度 B	：磁界の強さと磁化の線形和

図 **1.23**　磁束密度，磁界の強さ，磁化

1.3.4　回転 (rot) の物理的意味

　すでに示した磁界の強さ H と電流 I に関する積分表現をもとに，微分式で表される支配方程式を導いてみよう．アンペールの法則は次式で表された．

$$\oint_C H \cdot ds = I$$

この関係式は，電流 I が磁界 H の渦をつくることを定量的に示している．そこで，微小な面積要素について磁界の周回積分を行って，その値の極限値がどのような形をもつかを調べてみよう．基本原理として次の関係式が成り立つことになる．

　　ある大きさ面積についての H の周回積分 = その面積を貫く電流

　この計算を x, y, z の成分に分けて行うことにし，図 **1.24** に示すようにたとえば

xy 平面に沿う微小面積を考える．周回積分の向きに関しては，z 軸に対して右ねじ
の回る向きが正の方向となる．そこで，z 軸成分の単位ベクトルを $\boldsymbol{e}_z$，微小面積を
$\Delta S_z = \Delta x \Delta y$ とおけば，周回積分値は微小面積を貫く z 軸成分の電流値に等しい
ので，次式を得る．

$$H_x(x + \frac{\Delta x}{2}, y, z) \cdot \Delta x + H_y(x + \Delta x, y + \frac{\Delta y}{2}, z) \cdot \Delta y$$

$$- H_x(x + \frac{\Delta x}{2}, y + \Delta y, z) \cdot \Delta x - H_y(x, y + \frac{\Delta y}{2}, z) \cdot \Delta y$$

$$= \left(-\frac{\Delta H_x}{\Delta y} + \frac{\Delta H_y}{\Delta x} \right) \cdot \Delta S_z = j_z \Delta S_z$$

ただし，j_z は z 軸成分の電流密度である．

同様にして，x 軸周りと y 軸周りの微小面積に関する周回積分を行って和をとり，
さらに微小面積の極限値をとれば微小面積の周回積分は次式で表される．

$$\left\{ \left(\frac{\partial H_z}{\partial y} - \frac{\partial H_y}{\partial z} \right) \boldsymbol{e}_x + \left(\frac{\partial H_x}{\partial z} - \frac{\partial H_z}{\partial x} \right) \boldsymbol{e}_y + \left(\frac{\partial H_y}{\partial x} - \frac{\partial H_x}{\partial y} \right) \boldsymbol{e}_z \right\} \cdot \boldsymbol{n} \, dS$$

$$= \boldsymbol{j} \cdot \boldsymbol{n} \, dS \tag{1.25}$$

ただし，$dS_x \boldsymbol{e}_x + dS_y \boldsymbol{e}_y + dS_z \boldsymbol{e}_z = \boldsymbol{n} \, dS$ とし，$\boldsymbol{n}$ は微小面積 dS に垂直な単位ベ
クトル，すなわち法線単位ベクトルである．

発散の説明と同様に，この式の左辺を，ある傾斜をもつ坂道を考えたときの水平
の移動距離 dx から高さ dy を求める計算に対応させて考える．この場合は高さに相
当するものが磁界の周回積分量であるので，傾斜に相当する微分の部分を

$$\mathrm{rot} \, \boldsymbol{H} = \left(\frac{\partial H_z}{\partial y} - \frac{\partial H_y}{\partial z} \right) \boldsymbol{e}_x + \left(\frac{\partial H_x}{\partial z} - \frac{\partial H_z}{\partial x} \right) \boldsymbol{e}_y + \left(\frac{\partial H_y}{\partial x} - \frac{\partial H_x}{\partial y} \right) \boldsymbol{e}_z$$

$$\tag{1.26}$$

とおいて，これを磁界の強さ $\boldsymbol{H}$ の回転 (rotation) と呼ぶ．坂道の傾斜に相当する，
この回転のベクトル値がわかれば，面積ベクトル (面と垂直な方向をもつベクトル)

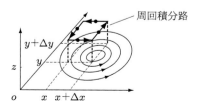

図 **1.24**　微小な面積での周回積分

との内積をとることにより周回積分量が求められるのである．すなわち，図 **1.25** に示すように内積をとった値により渦の強さと向きがわかる．結局，磁界の強さの回転と電流密度の関係として次式を得る．

$$\mathrm{rot}\,\boldsymbol{H} = \boldsymbol{j} \tag{1.27}$$

$\boldsymbol{H}$ の回転をとれば，磁界の渦ができているのかどうかが求められるが，電流が流れている場所で磁界の渦がつくられることを意味している．

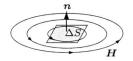

右ねじ向きの渦が発生，$\mathrm{rot}\,\boldsymbol{H}\cdot\boldsymbol{n}>0$
左ねじ向きの渦が発生，$\mathrm{rot}\,\boldsymbol{H}\cdot\boldsymbol{n}<0$
渦の発生なし，$\mathrm{rot}\,\boldsymbol{H}=0$

$(\mathrm{rot}\,\boldsymbol{H})\cdot$面積 $\Delta S = \boldsymbol{H}$ の周回積分値

図 **1.25** 回転 rot の物理的な意味

例題 1.2 図 1.26 のような二つの磁力線分布についてどちらか一方のみが，示している領域内で紙面に垂直なこちら向きに電流が流れているとする．磁力線分布を考察していずれかを判定せよ．

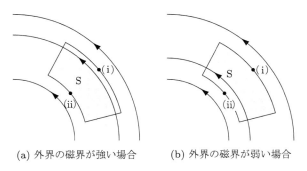

(a) 外界の磁界が強い場合　　(b) 外界の磁界が弱い場合

図 **1.26** 磁力線の違いと面積分の範囲

[解]　同図 (a) は湾曲している磁力線が外側になるに従い密になっているので，点 (i) の磁界 (H_1) が (ii) の磁界 (H_2) よりも強くなっていることを表している．同図 (b) は逆であり，H_1 は H_2 よりも弱くなっている．磁界の渦がつくられているとすれば，そこには渦を起こす源としての電流が貫通していることを意味している．式 (1.27) を，図に示すような点 (i) と (ii) を周辺の一部として含む領域 S について面積分を行うと次式を得る．

$$\int_{\mathrm{S}} \mathrm{rot}\, \boldsymbol{H} \cdot n\, dS = \oint_{\mathrm{C}} \boldsymbol{H} \cdot d\boldsymbol{s} = H_1 l_1 - H_2 l_2$$

$$= \int_{\mathrm{S}} \boldsymbol{j} \cdot \boldsymbol{n}\, dS = \Delta I \qquad (1.28)$$

ただし，ΔI はこの領域を貫く電流値である．

　結局，図 1.27 に示すような積分路に関する周回積分の式を得る．線分 (ⅱ)–(ⅲ) および (ⅳ)–(ⅰ) は磁力線に垂直としているために，この線に沿う磁界の強さは 0 であることから，H_1 と H_2 だけの式になる．

　外側の磁界が強い場合について式 (1.28) を考えると，明らかに $H_1 l_1 - H_2 l_2 > 0$ が成立する．すなわち，外側の磁界が強くなっていれば，貫く電流について $\Delta I > 0$ であることがいえる．その場合，ベクトル rot $\boldsymbol{H}$ が渦の度合いを示し，電流によって磁界の渦の生じていることがわかる．

　一方で，外側の磁界が弱くなっている場合は $H_1 l_1 - H_2 l_2$ は小さく，したがって rot $\boldsymbol{H}$ は小さな絶対値しかもたない．つまり，貫いている電流が 0 であれば磁界の渦は生じないが，そのときは $H_1 l_1 - H_2 l_2 = 0$ の関係を満たすように外側の磁界 H_1 は H_2 よりも小さな値をもつことになる．まとめると，電流が流れて磁界の渦がつくられている領域では，同図 (a) のように外側になるに従い磁界の強さは大きくなり，逆に電流がなく磁界の渦が生じていない状況では同図 (b) のように，外側の磁界が弱くなる．

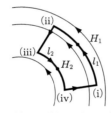

(a) 外側の磁界が強い場合　　(b) 外側の磁界が弱い場合

図 1.27　周回積分への変更

　rot $\boldsymbol{H}$ の演算は磁界の渦の度合いを示し，さらに磁力線の形状から渦が生じているかどうかについてだいたいの推測ができることがわかったが，電流とそれによって生じる磁界の関係式は図 1.28 のように表現できる．つまり，右ねじの法則を示す微分式であることがわかる．

図 1.28　rot $\boldsymbol{H} = \boldsymbol{j}$

1.4 磁界による電界の発生 ●━━━━━━━━━━━

ある条件の下では磁界から電界の生じることがあるが，それは以下の二つの場合である．

(ⅰ) 磁界に対してある相対速度で横切って運動すると電界を生じる．磁界の向きに平行に運動した場合は何も起こらない．これはフレミングの右手の法則として知られる物理現象である．

(ⅱ) 回路に入ってくる磁束の量が時間的に変化すれば，回路に電界，すなわち起電力が生じる．

この現象に対して，以下の数式表現がそれぞれ該当している（図 **1.29** および図 **1.30**）．

$$E = v \times B \tag{1.29}$$

$$e = -\frac{d\psi}{dt} = -\frac{d}{dt}\int_{S} B \cdot n \, dS \tag{1.30}$$

ただし，E：電界の強さ [V/m]，v：速度 [m/s]，B：磁束密度 [T]，e：回路に生じる起電力 [V]，ψ：回路を貫く磁束鎖交数 [Wb]，S：回路を周辺とする任意の曲面，n：面素 dS の法線単位ベクトル．

式 (1.29) は，ベクトルの外積として表現されており，速度と磁界が平行の場合は発生する電界が 0 となる．移動速度が磁界の方向に対してある角度をもつ場合には，その移動している座標系からは電界が見えることを意味する．ここで，電界は電荷に力を及ぼすものであるが，移動できる電荷があれば電流を生じることになるので，電界の発生と起電力の発生は言葉が違うだけで，すでに述べたように同じ現象を指していることに注意する．起電力とは電界をつくっている状態を，一まとめ

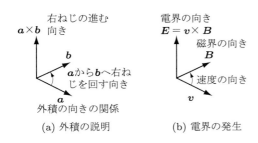

(a) 外積の説明　　(b) 電界の発生

図 **1.29** 外積で表現される電界発生の説明

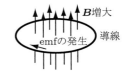

図 **1.30** 磁束の変化による起電力の発生

に言い表していることになる．すなわち，定量的には電界の強さの線積分が起電力
になり，さらにそれは電荷に作用する力の積分とみることもできる．

式 (1.30) の負の符号は，回路の電圧・電流の正の方向と，それを貫く磁束の正の
方向が定義されて初めて意味をもつものであることに注意しなければならない．つ
まり，図の上向きが磁束の正の方向とした場合に，右ねじの関係から電気回路の正
の方向は右ねじの回る方向となる．したがって，磁束が上向きに増大しつつあれば，
起電力 emf は式 (1.30) から右ねじの回る向きとは反対の，図の矢印の向きに発生
することがわかる．

さらに進んだ議論

磁界が電界を生じさせるメカニズムは，磁界に対して相対運動をするか，磁
界の強さが変動するかのどちらかであるということであった．これを統一的に
表現する方法として，マクスウェルの方程式がある．すなわち，磁界に起因す
る電界の発生を表現する方程式として次式がある．

$$\operatorname{rot} \boldsymbol{E} = -\frac{\partial \boldsymbol{B}}{\partial t} \tag{1.31}$$

演算子 rot は右ねじの向きの渦を生じるものであると理解できることをすで
に述べた．したがって，右辺が負の符号をもっていることから，磁束密度が増
大する方向に対しては，左ねじの向きに電界が生じることを表していることが
わかる (図 1.31)．

ここで，式 (1.29) がこのマクスウェルの方程式から導かれることを示そう．
図 1.32 には静止座標系 (x', y', z') と速度 $\boldsymbol{v}$ で移動する座標系 (x, y, z) があり，
静止座標系でみれば強さが一定の磁界があるものとしよう．

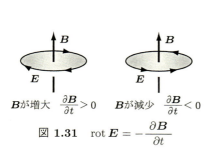

$\boldsymbol{B}$ が増大　$\dfrac{\partial \boldsymbol{B}}{\partial t} > 0$　　$\boldsymbol{B}$ が減少　$\dfrac{\partial \boldsymbol{B}}{\partial t} < 0$

図 1.31　$\operatorname{rot} \boldsymbol{E} = -\dfrac{\partial \boldsymbol{B}}{\partial t}$

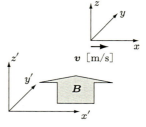

図 1.32　$\boldsymbol{B}$ に対する運動

空間のある一点を表す座標ベクトルを，両座標系でそれぞれ r, r' であるとすれば

$$r' = r + vt \tag{1.32}$$

が成り立つので，静止磁界 $B(r')$ は移動座標系からみれば，座標 r と時間 t の関数となり

$$B(r, t) = B(r + vt) \tag{1.33}$$

と表されることになる．ここで，式 (1.31) の右辺の計算を行うことにして，まず次式を得る．

$$\frac{\partial B(r, t)}{\partial t} = (v \cdot \nabla) B(r, t) \tag{1.34}$$

ここで，ベクトル公式を用いて，

$$\nabla \times (v \times B) = v(\nabla \cdot B) - B(\nabla \cdot v) + (B \cdot \nabla)v - (v \cdot \nabla)B \tag{1.35}$$

となるが，右辺の第 1 項から 3 項までは 0 であるから

$$\frac{\partial B(r, t)}{\partial t} = -\nabla \times (v \times B) \tag{1.36}$$

したがって，これを式 (1.31) に代入すれば，移動座標系での電界の式として

$$E = v \times B \tag{1.37}$$

を得ることができる．

以上に述べた，電界，磁界，電流の関係の一部を図 **1.33** に示す．ここでは，相互関係をマクスウェルの方程式で表現しており，以下の関係を示している．

（ⅰ）　導体のような自由電荷の存在する物質内部で電界が存在すると，オームの法則 $j = \sigma E$ に従った電流が流れる．

（ⅱ）　電流 j は磁界の渦 $\mathrm{rot}\, H$ をつくる．

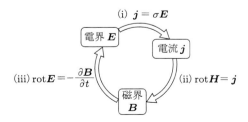

図 **1.33**　物理量間の関係

（iii）　磁界が時間的に大きさを変えると，電界の渦 rot E が生じる．

1.5 電磁力の発生 ●━━━━━━━━━━━━━

身の回りで我々が観測する電磁力には，

（ i ）　下敷きに紙くずが引き寄せられる静電気力

（ ii ）　磁石相互間に働く力

（iii）　磁界中の電流に働く力

などがある．これ以外にも組み合わせによって種々の場合があるが，すべての電磁力は電界による力と磁界による力の二通りに分けられる．（ i ）の力は電界によるもので，（ ii ）と（iii）の力は磁界によるものである．

1.5.1 電界のつくる応力

電磁力の発生するメカニズムを理論付けて説明するときに，現象と矛盾のない説明であればそれは正しい理論であることになる．電磁力発生の解釈法としては，まず大きく遠隔作用と近接作用の理論に分かれる．二つの電荷間あるいは電流間に力が伝わるのに，二つの物体の性質と距離だけで説明するのが遠隔作用であり，それに対して途中の空間が媒質となって力の伝達を行うものとして説明するのが近接作用の理論である．したがって，電界や磁界という場の量の分布は，近接作用の考えによるものであり，一方で遠隔作用は電磁界などの量を使わずに説明しようという考えである．

図 1.34 のようなそれぞれ正と負の電荷をもっている，二つの電荷 A と B の間に作用する力を，まず遠隔作用と近接作用の双方で説明してみよう．遠隔作用として眺めると，電荷間の引力はそれぞれの電荷量と距離だけを使って次式のクーロン力で表される．

$$F = \frac{Q^2}{4\pi\varepsilon_0 r^2} \qquad [\text{N}] \tag{1.38}$$

ただし，Q：両電荷の絶対量 [C]．

近接作用によれば，たとえば電荷 A が周囲に電界をつくり，電荷 B がその電界から力を受ける，つまりローレンツ力によって説明できる．しかし，この状況を両者が形成する合成電界分布を観察することで，どちらが電界をつくる側であるかという，主従の関係を解消することができる．図 1.34 に示すように，二つの電荷が形成する電界は力線を用いて表現できるが，電気力線に沿って形づくられる任意のチューブを考えるとき，それを**電気力管** (electric tube of force) と称する．

　ここで，一般に固体，液体，あるいは気体などの連続体では応力が伝わって離れた場所に力が作用するが，応力はいわば媒質の緊張状態である．二つの電荷間に作用する力も，このような力学現象と同じように眺めて，あたかもある種の連続体が存在して応力を伝えたとみなすのである．つまり，電界が空間の緊張を表しているものとし，連続体として電気力管を考える．すると，電気力管における力の働き方には一定の性質がみられ，図 1.35 に示すように長さ方向と幅方向には空気中において次式で示される応力が存在する．

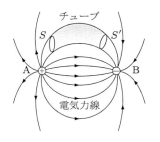

図 1.34　電気力管

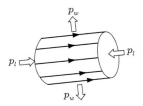

図 1.35　電気力管の応力

$$p_l = \frac{\varepsilon_0 E^2}{2} \qquad [\text{N/m}^2]：長さ方向に縮もうとする応力 \qquad (1.39)$$

$$p_w = \frac{\varepsilon_0 E^2}{2} \qquad [\text{N/m}^2]：幅方向に膨らもうとする応力 \qquad (1.40)$$

　つまり，電気力管には長さ方向には縮まろうとする応力，幅方向には膨らもうとする応力が働く．長さ方向の力は，あたかもゴムチューブを両端に引っ張ったときの緊張状態に類似している．この考え方により，電荷 AB 間には電気力管の張力により引力の生じることがわかる．この応力の式はマクスウェルの応力 (Maxwell's stress) として知られている．また，電気力管は電気力線でつくられるものであるが，これに対して電束線で形づくられる管を電束管 (tube of electric induction) といい，一様な媒質中では両者の形状が一致する．

例題 1.3　電源電圧 V [V] の印加された，極板間の距離 d [m] をもつ，平行平板の空気コンデンサの極板間に働く力を求めよ (図 1.36)．ただし，フリンジング (fringing，あるいは縁効果，edge effect) と呼ばれる極板の縁における電気力線の湾曲は無視せよ．

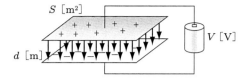

図 1.36 コンデンサの電気力線

[解] フリンジングを無視するという仮定から，極板間の至る場所，つまり断面積 S [m²]
をもつ電気力管内部での電界の強さは，

$$E = \frac{V}{d} \qquad [\text{V/m}]$$

で与えられる．極板間に作用する力は，両極板を隔てる面としてたとえば中央に極板
と平行に，すべての電気力線を含む十分な広さの平面を考えて，それに作用する全応力
を求めればよい．仮定によりフリンジングがなく電界の強さが一様となるので，極板
の面積で計算すればよい．電磁力は，電気力管の性質から吸引力となることがわかる
が，極板間の吸引力を F [N] とおけば

$$F = \int_S \boldsymbol{p}_l \cdot \boldsymbol{n}\, dS = \int_S p_l\, dS = \int_S \frac{\varepsilon_0 E^2}{2}\, dS$$
$$= \frac{\varepsilon_0 E^2}{2} S = \frac{\varepsilon_0}{2} \left(\frac{V}{d}\right)^2 S \qquad [\text{N}]$$

を得る．

例題 1.4 図 1.37 のように距離 r を隔てて二つの異符号の電荷 Q [C] と $-Q$ [C]
がある．マクスウェルの応力を用いて，電荷間に働く力を求めよ．

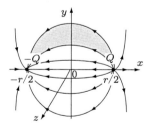

図 1.37 二つの電荷間の力

[解] 力の伝わる断面として $x = 0$ の yz 平面を考え，それに作用する応力を面全体に
ついて面積分することで二つの電荷間に働く力を求めることができる．二つの異符号
の電荷が存在することにより，$x = 0$ における電界の強さは図 1.38 のように一つの電
荷の場合に比べて x 成分が 2 倍となり，同時に y 成分は打ち消しあうので，電荷の位

置から考えている点までの距離を R とすれば

$$E = \frac{Q}{4\pi\varepsilon_0 R^2} \cdot \frac{\frac{r}{2}}{R} \cdot 2$$

$$= \frac{Q}{4\pi\varepsilon_0 \left\{ \left(\frac{r}{2}\right)^2 + y^2 \right\}} \cdot \frac{\frac{r}{2}}{\left\{ \left(\frac{r}{2}\right)^2 + y^2 \right\}^{1/2}} \cdot 2$$

$$= \frac{Qr}{4\pi\varepsilon_0 \left\{ \left(\frac{r}{2}\right)^2 + y^2 \right\}^{3/2}} \qquad [\text{V/m}]$$

ここで，$x = 0$ の yz 平面において，半径 y における電界の強さは対称性からどこでも同じ値であり，図 **1.39** を参照して応力を面積分すると次式を得る．

$$F = \int_0^\infty \frac{1}{2}\varepsilon_0 E^2 2\pi y \, dy = \frac{1}{2}\varepsilon_0 \int_0^\infty \frac{(Qr)^2}{(4\pi\varepsilon_0)^2 \left\{ \left(\frac{r}{2}\right)^2 + y^2 \right\}^3} \cdot 2\pi y \, dy$$

ここで，$(r/2)^2 + y^2 = u$ とおけば

$$F = \frac{Q^2 r^2}{32\pi\varepsilon_0} \int_{r^2/4}^\infty u^{-3} du = \frac{Q^2 r^2}{64\pi\varepsilon_0} \left[\frac{1}{u^2} \right]_\infty^{r^2/4} = \frac{Q^2}{4\pi\varepsilon_0 r^2} \qquad [\text{N}]$$

これはクーロン力の式であり，近接作用の考えを用いてよく見慣れた式が得られたわけである．この例題からわかることとして，電磁力機器を構成する二つの部分の間に働く力を求めたい場合は，それら二つの構成部分がつくる電磁界を求めて両者を結ぶ場の力管を考え，マクスウェル応力の積分を求めればよいということである．

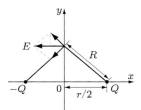

図 **1.38**　電界の合成

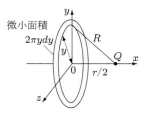

図 **1.39**　応力の面積分

さらに進んだ議論

　電気力管のテンソル表現について説明を行う．電気力管の考えを用いれば，ある物体に作用する力はそれを囲む任意の曲面で面積分を行うだけで求めることができる．すなわち，力は任意に設定した境界面を通して伝えられるとみ

ることができるので，伝えられる力 $d\boldsymbol{F}$ の $\alpha(=x,y,z)$ 軸成分 dF_α はテンソル $T=(T_{\alpha\beta})(\beta=x,y,z)$ を用いて次のように表すことができる．

$$dF_\alpha = \sum_{\beta=x,y,z} T_{\alpha\beta}\, dS_\beta \tag{1.41}$$

誘電率が ε_0 の自由空間における電気力管を表現する応力テンソル (stress tensor) $T_{\alpha\beta}$ は対称テンソルとして次式で与えられる．

$$
\begin{aligned}
T_{\alpha\beta} &= \varepsilon_0\left(E_\alpha E_\beta - \frac{1}{2}\delta_{\alpha\beta}|\boldsymbol{E}|^2\right)\\
&= \varepsilon_0\begin{pmatrix}
\frac{1}{2}(E_x^2-E_y^2-E_z^2) & E_x E_y & E_x E_z\\
E_y E_x & \frac{1}{2}(E_y^2-E_x^2-E_z^2) & E_y E_z\\
E_z E_x & E_z E_y & \frac{1}{2}(E_z^2-E_x^2-E_y^2)
\end{pmatrix}
\end{aligned}\tag{1.42}
$$

ただし，$\delta_{\alpha\beta}$ はクロネッカーのデルタである．

さて，注目している点における電気力線の方向に x 軸を設定してみると

$$\boldsymbol{E}=(E_x,E_y,E_z)=(E,0,0)$$

と表せるので，このときの応力テンソルは

$$
T_{\alpha\beta}=\begin{pmatrix}
\frac{1}{2}\varepsilon_0 E^2 & 0 & 0\\
0 & -\frac{1}{2}\varepsilon_0 E^2 & 0\\
0 & 0 & -\frac{1}{2}\varepsilon_0 E^2
\end{pmatrix}\tag{1.43}
$$

と表されて，電気力線の方向としての x 軸に沿って $\varepsilon_0 E^2/2$ の引張応力が生じ，y 軸と z 軸に沿っては $\varepsilon_0 E^2/2$ の圧縮応力の生じることがわかる．すなわち，電気力管としては長さ方向に $\varepsilon_0 E^2/2$ の応力で縮もうとし，幅方向には $\varepsilon_0 E^2/2$ の応力で膨らもうとする性質をもっていることがわかる．さて，テンソルの一般表現 $T_{\alpha\beta}$ を力とテンソルの関係式 $dF_\alpha = T_{\alpha\beta}dS_\beta$ に代入すれば，同じ指標が一つの項に二つある場合は和をとるというアインシュタインの規約を用いて次式を得る．

$$dF_\alpha = T_{\alpha\beta}\,dS_\beta = \varepsilon_0 E_\alpha E_\beta dS_\beta - \frac{1}{2}\varepsilon_0 \delta_{\alpha\beta}|\boldsymbol{E}|^2\,dS_\beta$$

$$= \varepsilon_0 E_\alpha(\boldsymbol{E}\cdot\boldsymbol{n})\,dS - \frac{1}{2}\varepsilon_0|\boldsymbol{E}|^2 n_\alpha\,dS \tag{1.44}$$

ただし，n_α は微小な面 dS の方向を表す法線ベクトル $\boldsymbol{n}$ の α 軸成分である（図 **1.40**）．

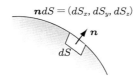

図 **1.40**　微小面積 dS と法線ベクトル $\boldsymbol{n}$

したがって

$$\boldsymbol{F} = \int_S \left\{ \varepsilon_0 \boldsymbol{E}(\boldsymbol{E}\cdot\boldsymbol{n}) - \frac{1}{2}\varepsilon_0|\boldsymbol{E}|^2\boldsymbol{n} \right\} dS$$

$$= \int_S \boldsymbol{p}dS \tag{1.45}$$

を得る．

ただし，$\boldsymbol{p}$ は応力ベクトル (stress vector) であり，次式で表される．

$$\boldsymbol{p} = \varepsilon_0 \boldsymbol{E}(\boldsymbol{E}\cdot\boldsymbol{n}) - \frac{1}{2}\varepsilon_0|\boldsymbol{E}|^2\boldsymbol{n} \tag{1.46}$$

次に，力の伝わる境界面と電界の強さの向きの相対角度によって力の方向はどのように変わるかについて考えてみよう．応力ベクトル $\boldsymbol{p}$ とその二つの成分を描けば図 **1.41** のようになる．

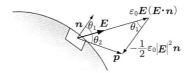

図 **1.41**　境界面と応力の向き

ここで，$|\boldsymbol{E}| = E$ とおいて

$$|\varepsilon_0 \boldsymbol{E}(\boldsymbol{E}\cdot\boldsymbol{n})| = \varepsilon_0 E^2 \cos\theta_1$$

$$|\frac{1}{2}\varepsilon_0|\boldsymbol{E}|^2\boldsymbol{n}| = \frac{1}{2}\varepsilon_0 E^2$$

となるので，三つの応力のベクトルがつくる三角形について余弦定理を適用すれば，$|\boldsymbol{p}| = p$ と書いて

$$p^2 = \frac{1}{4}\varepsilon_0^2 E^4 + \varepsilon_0^2 E^4 \cos^2\theta_1 - 2\cdot\left(\frac{1}{2}\varepsilon_0 E^2 \cdot \varepsilon_0 E^2 \cos\theta_1\right)\cos\theta_1$$

$$= \frac{1}{4}\varepsilon_0^2 E^4$$

によって

$$p = \frac{1}{2}\varepsilon_0 E^2 \tag{1.47}$$

したがって，応力の絶対値は $\varepsilon_0 E^2/2$ であることが逆に導かれたわけであるが，この三角形は二等辺三角形であることがわかり $\theta_1 = \theta_2$，すなわち境界面の向き $\boldsymbol{n}$ と応力ベクトル $\boldsymbol{p}$ の向きがつくる角度を二分する方向に電界 $\boldsymbol{E}$ が向く関係にあることが導かれた．したがって，電界が境界面に垂直な場合は境界面を通して引張応力を受け (図 1.42 (a))，境界面に平行な場合は境界面を通して圧縮応力が作用することがわかり (同図 (b))，これはすでに述べたことと一致する．さらに，$\theta_1 = 45°$ の場合は応力が境界面に平行に作用すること，すなわちせん断応力のみが発生するということがわかる (同図 (c)).

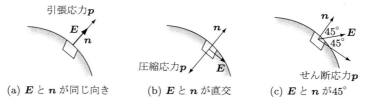

(a) $\boldsymbol{E}$ と $\boldsymbol{n}$ が同じ向き　　(b) $\boldsymbol{E}$ と $\boldsymbol{n}$ が直交　　(c) $\boldsymbol{E}$ と $\boldsymbol{n}$ が45°

図 1.42　電界の方向と応力ベクトルの向き

1.5.2　磁界のつくる応力

　磁界の場合の近接作用による力も電界の場合と同様に説明される．図 1.43 のように永久磁石にギャップを介して対向させた鉄片を考えると，ギャップに図のような磁束が生じる．磁束線で縁取られるチューブを**磁束管** (tube of magnetic flux) と呼び，電界の場合と同様の性質をもつマクスウェルの応力が磁束管に生じ，空気中では以下のように表される (図 1.44).

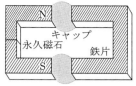

図 1.43 磁束管の形成

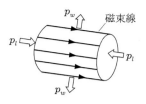

図 1.44 磁束管の応力

$$p_l = \frac{B^2}{2\mu_0} \qquad [\text{N/m}^2] \;(長さ方向に縮もうとする応力) \qquad (1.48)$$

$$p_w = \frac{B^2}{2\mu_0} \qquad [\text{N/m}^2] \;(幅方向に膨らもうとする応力) \qquad (1.49)$$

ただし，μ_0：空気の透磁率 $(= 4\pi \times 10^{-7})$

したがって，磁束管の長さ方向に縮もうとする性質により，図 1.43 の場合には磁石と鉄片の間に吸引力の生じることがわかる．電界の場合に電気力管と電束管が定義されたように，磁界についても $\boldsymbol{B}$ を表現する磁束線に基づく磁束管に対して，$\boldsymbol{H}$ の磁力線に基づいた**磁力管** (magnetic tube of force) が定義される．

電界の場合については「さらに進んだ議論」で紹介したが，応力テンソルと応力ベクトルの表現を磁界について述べておこう．まず，磁界の応力テンソル $T_{\alpha\beta}$ は磁束密度 $\boldsymbol{B} = (B_x, B_y, B_z)$ を用いて次式で与えられる．

$$T_{\alpha\beta} = \frac{1}{\mu_0}\left(B_\alpha B_\beta - \frac{1}{2}\delta_{\alpha\beta}|\boldsymbol{B}|^2\right) \qquad (1.50)$$

このとき，物体に作用する力 $\boldsymbol{F}$ は次式で表される．

$$\boldsymbol{F} = \int_S \boldsymbol{p}\,dS \qquad (1.51)$$

ただし，応力ベクトル $\boldsymbol{p}$ は次式で与えられる．

$$\boldsymbol{p} = \frac{1}{\mu_0}\boldsymbol{B}(\boldsymbol{B}\cdot\boldsymbol{n}) - \frac{1}{2\mu_0}|\boldsymbol{B}|^2\boldsymbol{n} \qquad (1.52)$$

この関係式を図に表現すれば電界のときと同様に，図 1.45 の応力ベクトル $\boldsymbol{p}$ と

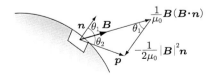

図 1.45 境界面と応力の向き

磁束密度 B に関するベクトルの幾何学的関係が得られる．すなわち，磁束密度ベクトル B の向きは，境界面の法線ベクトル n と応力ベクトル p がつくる角度を常に二分する関係にある．

例題 1.5 図 1.46 に示すような同一方向に電流の流れている二つのコイル間に働く力を，マクスウェルの応力の考えを用いて説明せよ．

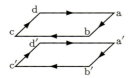

図 1.46   二つのコイル電流間の力

［解］   図 1.46 の電流素片 cd および $c'd'$ 部分の断面について磁束線分布を描けば図 1.47 のようになる．図はそれぞれの電流がつくる磁界とその合成である．磁界の強さは，両者の内側で弱め合い，外側では強め合う形となっているので，図に示すような縦向きの磁束管が生じる．これは各コイル四つのコイル辺すべての部分で同様であり，したがってコイル間には吸引力の生じることがわかる．定量的にこの力を求めるためには，二つのコイルの間の任意の場所で平面を考え，その面に作用するマクスウェルの応力を面全体で積分すればよいことになる．もちろん，計算の簡単のためには中央に B に垂直な面をとるのがよい．

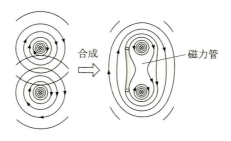

図 1.47   磁束線の形成

1.5.3 電流ループと等価な板磁石

電流ループは，外部に対して同一の磁界分布を生じる**等価板磁石** (equivalent magnetic shell) に置き換えることができる (2.4 節参照)．つまり，図 1.48 に示すように，電流ループを周辺が同一の形状をもつ板磁石で置き換えると，形成される磁束線を見る限り，外部からは見分けがつかなくなる．このような置き換えは，物理現象の理解や計算を容易にするための手段として使うことができる．

　図 1.46 のコイルを板磁石に置き換えると，図 1.49 のようになる．電流の場合は力の方向が非常に容易にはわかりにくいが，この場合は N 極と S 極間の力として非常に簡単に力の方向を把握することができる．結局我々は二つの電流ループ間の力の解釈法として，図 1.50 に示すように三つの方法を学んだことになる．これらの方法を場合によって使い分ければ，電磁力の発生を種々の角度から眺める助けとなる．

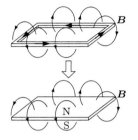

図 1.48　電流ループの等価板磁石への置換

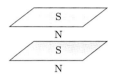

図 1.49　板磁石間の力

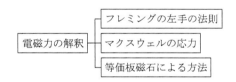

図 1.50　二つの電流ループ間の電磁力の解釈法

1.6　電磁誘導現象

　本節では導体板やコイルなどに流れる電流が引き起こす電磁誘導現象を，マックスウェルの方程式を基にしてその詳細なメカニズムの説明を試みる．まず，図 1.51 (a) に示すように電流はその周りに渦状の磁界をつくることはすでに述べた．そこ

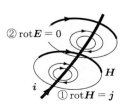

(a) 電流一定時の磁界の発生

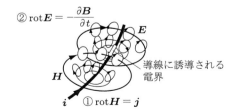

(b) 電流の時間的増加による電界の発生

図 1.51　自己誘導現象

で，電流が時間的に増加すると仮定すれば磁界はそれに比例して増大するが，磁界の時間的変動により同図 (b) に示すように磁力線の周りには渦巻き状の電界が発生する．すなわち，「磁界の強さの増加→磁力線について左ねじの向きに電界の発生」となって，結局電流の流れている向きとは逆向きに新たな電界が導線に作用することになる．磁界が時間的に減衰する場合は，逆に磁束線について右ねじの方向の電界となる．

　以上のことをマクスウェルの方程式で順を追って説明すれば次のようになる．ただし，マクスウェルの方程式はとりあえず偏微分方程式として理解する必要はなく，記号的に捉えれば十分であることに留意してほしい．

　まず，電流が流れると

$$\operatorname{rot} \boldsymbol{H} = \boldsymbol{j} \tag{1.53}$$

(渦状の磁界の発生 ＝ 電流の存在)

が表すとおり，その電流 $\boldsymbol{j}$ を囲んで磁界 $\boldsymbol{H}$ が右ねじの回る向きの渦として生じる．つまり，すでに述べたように演算子 rot は右ねじの関係で生じる渦の強さを表しており，さらにその演算は空間的なものであるので時間には関係しない．したがって，電流密度が 2 倍の大きさになると，その瞬間に磁界の大きさも，そのままの分布の状態で 2 倍となる．そこで，電流が時間的に増加しようとしている場合には磁界もそれに比例して増加することになるので，マクスウェルの方程式

$$\operatorname{rot} \boldsymbol{E} = -\frac{\partial \boldsymbol{B}}{\partial t} \left(= -\mu_0 \frac{\partial \boldsymbol{H}}{\partial t} \right) \tag{1.54}$$

(渦状の電界の発生 ＝ 磁束密度の時間的変化の存在)

によって，電界 $\boldsymbol{E}$ の生じることがわかる．すなわち，右辺に負の符号があることに注意すれば，$\boldsymbol{H}$ したがって $\boldsymbol{B}$ が増加しようとしている場合は右辺が負の値の成分をもつベクトルであるから，$\boldsymbol{H}$ を囲んで左ねじの回る向きに電界 $\boldsymbol{E}$ が生じることになるのである．この新たに生じた電界は，導線に対しては電流の流れている方向とは逆向きに作用していることがわかる．逆に磁界が減少しつつある場合は，右辺が正の値の成分をもつベクトルであることから，右ねじの回る向きに電界を生じ，それは電流と同方向となる．

　導線に対して生じた電界が，すなわち起電力になることはすでに述べたところであるが，いまの場合は電流の増加しようとしている方向とは逆向きに起電力が発生

することがわかる。ここで、ある点 a から b までの区間に生じる起電力 e [V] は、電界 $\boldsymbol{E}$ [V/m] を積分し

$$e = \int_a^b \boldsymbol{E} \cdot d\boldsymbol{s}$$

と表される。したがって注意すべきは、考えている領域が導体、空気あるいは絶縁体のいずれであろうと電界は生じているものであり、たとえば導体でなければ起電力が生じないというのは間違いであることに注意すべきである。

　以上のように、電流が変化しようとすればその変化を妨げるような起電力の生じる現象を自己誘導 (self-induction) と呼ぶ。回路に生じる誘導起電力 e と電流 i との関係はしたがって

$$e \propto -\frac{di}{dt} \tag{1.55}$$

のように表現される。

　ここで負の符号は、電気回路の正方向に対してどちらの方向になるかを示そうとするものである。図 **1.52** の場合はスイッチを閉じて電流が 0 から増加している様子を示すが、電流の時間微分が正の値をもつので、右辺が負の値をもち、回路には負の向きの起電力 $e' = -e \,(> 0)$ の生じることを表している。電流が減少する場合は、逆の方向に起電力が生じる。この比例関係は導線の曲がり具合、断面の大きさなどの幾何学的な形状に依存した一定な関係となり、比例定数 L を導入し

$$e = -L\frac{di}{dt} \tag{1.56}$$

と書ける。この定数 L は自己インダクタンス (self inductance) と呼び、単位はヘンリー [H] を用いる。ここで、回路の電源電圧を v、回路の全電気抵抗を R とおくと次式を得る。

$$v + e = Ri \tag{1.57}$$

　誘導起電力の項を右辺に移せば

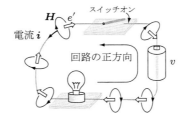

図 **1.52**　簡単な回路にみる自己誘導現象

$$v = Ri + L\frac{di}{dt} \tag{1.58}$$

となって，式 (1.57) では自己インダクタンスによる項は起電力であったのが，その形を変えて電圧降下として表現されている．

　ここで，電位の変化を表現する手段として起電力と電圧降下の二つの見方があることを知ったことになるが，この意味について述べておく．図 **1.53** に示すように回路のある二点間 a，b で電位が変化している場合，正の向きの定義，すなわち見る方向によって数値の符号は異なる．つまり，起電力は電位が上昇する場合が正の値，電圧降下としては電位が下降する場合に正の値であるから，図の右向きに見た場合，起電力としては正の値，電圧降下としては負の値となるわけである．

　一方，左に見た場合は逆である．式 (1.57) で移項という数学的な操作をしたが，それは起電力と電圧降下の役割の交代を意味している．ちなみに，**逆起電力** (counter emf) という回路における物理表現があるが，これは回路の正の定義の方向とは逆に見て，それが起電力としてどのような値かをいう．すなわち，回路の負の向きに電位が上昇していれば正，下降していれば負の値となる．

　インダクタンスにおける電位の変化を表現する三つの場合を図 **1.54** に示す．起電力と電圧降下の二種類の物理量としてみれば

$$起電力 \, v = 電圧降下 \, Ri + 電圧降下 \, L\frac{di}{dt}$$

であるが (同図 (a))，右辺の電磁誘導による項を受動的なものと扱わず

$$起電力 \, v = 電圧降下 \, Ri + 逆起電力 \, L\frac{di}{dt}$$

とすることができる (同図 (b))．矢印は各量の正の方向を示しているが，基本的には回路の正の方向と一致するが，逆起電力だけは正の方向が逆転しており，回路で

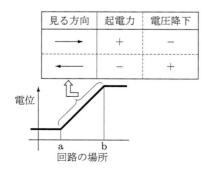

図 **1.53**　電位変化の表現と符号

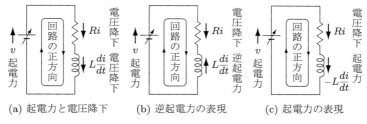

(a) 起電力と電圧降下   (b) 逆起電力の表現   (c) 起電力の表現

図 1.54 起電力，電圧降下，逆起電力

矢印をつけて正の向きを表現する場合は他の物理量とは逆向きの矢印になる．同図 (c) はインダクタンスの電位の変化を起電力として表現したものである．

次に，複数の回路が干渉して起こす誘導現象を考えてみよう．ある回路の電流の時間的変化によってつくられる電界が，他の回路にも作用したとき，それを**相互誘導** (mutual-induction) と呼ぶ．図 **1.55** に示すように，導線が二つあって，それぞれに電流が流れているとする．

図に示す電流の方向は，回路の正の方向と決めた向きに一致しているとする．導線 #2 の電流が増加しているとすれば，図 1.52 の場合とまったく同じで，磁力線を取り巻くように電界の渦が生じる．導線 #1 はこの電界にさらされることになり，すなわち起電力が誘導されることになる．これが相互誘導であり，導線 #1 の回路に関する方程式は，回路の電源電圧を v としたとき

$$v = Ri_1 + L\frac{di_1}{dt} + M\frac{di_2}{dt} \tag{1.59}$$

と表されて，比例定数 M を**相互インダクタンス** (mutual inductance) と呼ぶ．相互インダクタンスの計算式としては，たとえば図 **1.56** のようなモデルに基づいた，次式で表される**ノイマンの公式** (Neumann's formula) がある．

$$M = \frac{\mu_0}{4\pi} \oint_{C'} \oint_C \frac{d\boldsymbol{s} \cdot d\boldsymbol{s}'}{r} \quad [\mathrm{H}] \tag{1.60}$$

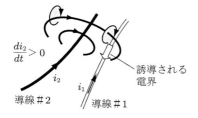

図 1.55 相互誘導現象

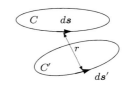

図 1.56 相互インダクタンスの計算

ここで，線積分の向きはそれぞれの回路の正の方向にとるものとする．

式 (1.59) はさらに次式のようにも変形される．

$$v = Ri_1 + \frac{d\psi}{dt} \tag{1.61}$$

ただし，ψ は回路#1 に鎖交する磁束であり，これを**磁束鎖交数** (flux linkage) と呼び，回路自身の電流によるものと他の回路の電流によるものから構成され

$$\psi = Li_1 + Mi_2 \qquad [\text{Wb}] \tag{1.62}$$

と表される．これを空間に形成される磁界を用いて表現すると，この回路の導線の巻数を N，回路を周辺として想定した任意のなめらかな曲面 S における法線単位ベクトルを $\boldsymbol{n}$ とすれば，次式でも与えることができる．

$$\psi = N \int_{S} (\boldsymbol{B}_1 + \boldsymbol{B}_2) \cdot \boldsymbol{n}\, dS \qquad [\text{Wb}] \tag{1.63}$$

ただし $\boldsymbol{B}_1$，$\boldsymbol{B}_2$ はそれぞれ電流 i_1 と i_2 がつくる，考えている曲面上の点の磁束密度である．

演習問題 ●━━━━━━━━━━━━━━━━━━

[問題 1.1]　平行平板コンデンサに生じる電気力線を描け．

[問題 1.2]　無限に広く厚みが b[m] の薄い導体板に，電荷が密度 ρ [C/m³] で一様に分布しているものとする．平板に垂直な向きに x 軸をおいたとき，マクスウェルの方程式 $\mathrm{div}\, \boldsymbol{D} = \rho$ によって導かれる電束密度 $\boldsymbol{D} = D\boldsymbol{e}_x$ における D のグラフを描き，div の物理的意味を説明せよ．ただし，$\rho > 0$ とせよ．

[問題 1.3]　電流 I [A] の流れている導線の周りにできる磁界の強さを，アンペールの法則を使って式を導き，磁力線の分布を描いて電流から遠ざかるにつれて磁力線の間隔の変化がどのようになるかを述べよ．

[問題 1.4]　半径 R [m] の導線に電流 I [A] が断面に一様に流れているものとする．導線の内部と外部にできる磁力線の分布を描き，その特徴について述べよ．

[問題 1.5]　距離 r を隔てて二つの同符号の電荷 Q [C] がある．マクスウェルの応力を用いて，電荷間に働く力を求めよ．

[問題 1.6]　1 気圧の応力を発生する磁束密度と電界の強さを求めよ．ただし，1 気圧 = 1013 hPa = 1.013×10^5 N/m² = 1.033 kgf/cm² である．

[問題 1.7]　一つの孤立した電流ループがある場合に，コイル自身にどのような応力が働くかを述べよ．

第**2**章
磁性体と磁気回路

　磁性体 (magnetic material) とは，外部から磁界をかけると磁化 (magnetization) を生じる物質をいう．つまり，外部磁界によってそれ自身が磁界を発するようなものを磁性体と称する．永久磁石や鉄粉は身近な磁性体である．永久磁石は外部磁界のない状態でも磁化した状態が保持され続けるものであり，鉄は外部磁界をかけたときに磁化し，そうでないときは磁化をほとんど失う．磁気浮上装置，モータ，発電機などの電気機器では磁性体が非常に多く用いられ，その物理的な特性と定量的な扱いを学ぶ必要がある．

　さて，電流によって磁界が発生することを第 1 章で学んだが，磁性体には電流が流れているのだろうか．磁性は原子を構成する電子のスピンが主につくり出しているものであり，伝導電流が流れているわけではない．原子の中では，正の電荷をもつ原子核と負の電荷をもつ電子の両者のスピン，そして電子の原子核周りの軌道運動が存在している．このうちで，磁性には質量の大きさが反比例的に関係しているために，質量の小さな電子のスピンによるもの，それに次いで軌道運動が磁性の原因として優勢となっている．さらに，電子のスピンは右回りと左回りのものがあるが，鉄などの物質では左右のスピンをもつ電子の数に偏りの生じることが強い磁性を示す原因となっている．

2.1　磁気モーメントと磁区

　鉄などの強い磁性を示す原子では，電子のスピンの偏りにより磁気的なモーメントが生じるのであるが，そのために外部磁界に対して力学的なモーメントを受ける．そこで，磁気モーメント (magnetic moment) が定義されるが，図 **2.1** に示す面積が微小な電流ループを用いて次式で表される．

$$\boldsymbol{m} = IS\boldsymbol{n} \qquad [\text{A·m}^2] \tag{2.1}$$

ただし，I：電流 [A]，S：ループのつくる面積 [m^2]，$\boldsymbol{n}$：法線単位ベクトル．

(a) 磁気モーメントの定義　　　(b) 磁気モーメントのつくる磁界

図 2.1　磁気モーメントの定義

　磁気モーメントは同図に示すように磁界をつくるが，一般に用いられる N 極，S 極という磁極の概念を定量的に表現するために，電気の場合の電荷に対応して**磁荷** (magnetic charge) という概念を導入する．まず磁荷の符号に関しては，N 極が正の磁荷，S 極は負の磁荷の集まりに対応する．二つの磁荷 $+q_m$ と $-q_m$ が，図 **2.2** のようにベクトル d だけ離れている場合に磁気モーメントは

$$m = q_m d$$

と表され，これを**磁気双極子** (magnetic dipole) ともいう．ここに，磁気モーメントの定義における電流 I とループの面積 S について，$q_m d = IS$ の定量的関係が成立することがわかる．

　さて，ある大きさの断面をもって巻かれたコイルを**ソレノイド** (solenoid) と呼ぶが，それに鉄の塊を入れた場合の影響を考えてみる (図 **2.3**)．コイル内部に鉄を使わない場合は，鉄の代わりに空気があるとみて，一般に**空心ソレノイド** (air-cored solenoid) という．鉄を入れた場合は**鉄心ソレノイド** (iron-cored solenoid) と呼び，空心ソレノイドに比べて多くの磁束を発生させることができる．

　鉄，ニッケル，コバルトなどの電子のスピンに偏りをもつ材料では，量子力学的な交換相互作用により隣り合う原子における電子のスピンが相互作用して，磁気モーメントが方向をそろえグループをつくり，それぞれの区画で一つの微小磁石を形成する．このグループを**磁区** (magnetic domain) といい，境界部分を**磁壁** (magnetic domain wall) と呼ぶ．ただし，**キュリー温度** (Curie temperature) と呼ばれる臨界

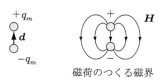

磁荷のつくる磁界

図 **2.2**　磁気双極子とは

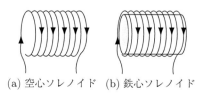

(a) 空心ソレノイド　(b) 鉄心ソレノイド

図 **2.3**　ソレノイド

温度を超えると，交換相互作用は消えて強い磁性はなくなる．磁区の形は材料に
よって種々の異なる形をとるが，図2.4に磁界の強さに対する磁区の変化の様子を
示す．外部磁界のない初期の状態ではそれぞれの磁区のもつ磁気モーメントの方向
は全体としてみれば無秩序であり，したがって全体的には磁気モーメントが打ち消
し合っている (同図 (a))．外部磁界が印加されると磁壁の移動が起こって，外部磁
界方向に近い向きの磁区の面積は増大し，そうでない磁区の面積は減少する (同図
(b))．磁界の強さが増すにつれて，磁壁の移動が進んで外部磁界の向きに近い磁区
のみになり，ついには磁化が回転を始め (同図 (c))，さらに磁界を強くしたところ
で磁区の向きは外部磁界の向きに方向が一致することになる (同図 (d))．

　すべての磁区がこのようにそろってしまうと，いくら外部磁界を強くしても磁性
体としての変化はもはや生じない．つまり，磁気的には飽和してしまっている状態
である．このようにして，ソレノイドによる磁界によって鉄の塊は磁化され，した
がって鉄のない場合に比べて磁性体の発する分だけ多くの磁束がつくられ，すなわ
ち磁束密度が大きくなる．ところで，第1章では磁界の示強性変数は物理的厳密性
からは B であると述べたが，磁性体の場合には測定の際に H の大きさの厳密な設
定が容易であることから，慣習的に H を示強変数として特性を議論する．磁性体
内部における磁界の強さ H はそのために磁化力 (magnetizing force) とも呼ばれる．

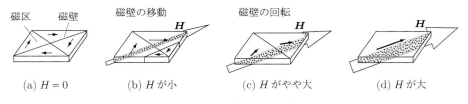

(a) $H = 0$　　　(b) H が小　　　(c) H がやや大　　　(d) H が大

図 2.4　磁界の強さに対する磁区の変化

2.2　磁　化

　材料内部における磁気モーメントは，ミクロには空間的にきわめて不連続に存在
することになるが，単位体積当りの磁気モーメントをベクトル M で表現し，これ
を磁化ベクトル (magnetization vector) と呼ぶ．そこで，このマクロな値を求める
にあたって，ミクロなスケールでは細かな不連続性が存在するので，マクロなレベ
ルでみて十分に小さい極限の体積 Δv をとることになる．その微小体積 Δv 内にお
ける i 番目の磁気モーメントを m_i とおけば，磁気モーメントの体積密度の平均値

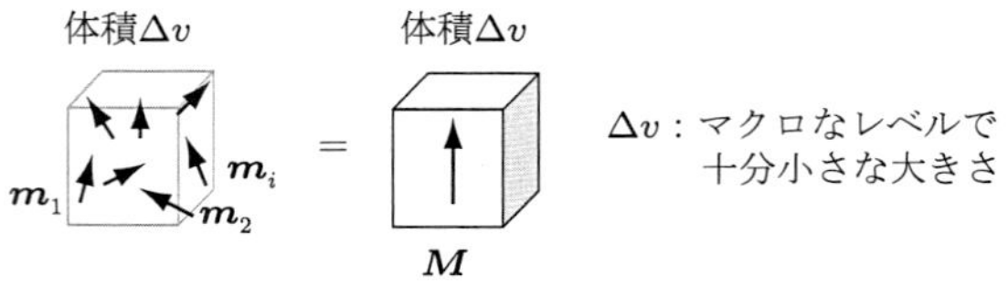

図 **2.5**　磁気モーメントと磁化

として磁化 M が次式で定義される (図 **2.5**).

$$M = \frac{\sum_{\Delta v} \boldsymbol{m}_i}{\Delta v} \qquad [\mathrm{A \cdot m^2/m^3} = \mathrm{A/m}] \tag{2.2}$$

したがって磁化 M はいうまでもなく磁性体内だけで 0 でない値をもつが，場所によって連続的に変化する物理量となる．逆に，磁化 M に体積 Δv を乗ずることでその体積分の磁気モーメント $\Delta \boldsymbol{m}$ を得ることができるので，ある小さな体積 Δv のもつ磁気モーメントは

$$\Delta \boldsymbol{m} = \boldsymbol{M} \Delta v \qquad [\mathrm{A \cdot m^2}] \tag{2.3}$$

と表すことができる．これは，磁化 M にある体積 Δv を乗ずれば，大きさ $\Delta \boldsymbol{m} = I \Delta S$ と表される，電流 I [A] および面積 ΔS [m²] の電流ループに置き換えることができることも意味している．

　磁化していない状態の磁性体を，徐々に磁界を増大した場合の磁区の変化のしくみについては述べたが，磁化の大きさの変化は図 **2.6** のような特性をもつ．これを**磁化曲線** (magnetization curve) あるいは**飽和磁化曲線** という．磁化が磁界の強さに依存して変化する特性を表示すれば

$$\boldsymbol{M} = \chi_m \boldsymbol{H} \tag{2.4}$$

と書けて，χ_m は**磁化率** (magnetic susceptibility) と呼ばれる．これは磁化率が磁界の強さに依存して変化するものとして表現したものであるが，接線を用いて直線近似し

$$\boldsymbol{M} = \boldsymbol{M}_0 + \chi_m \boldsymbol{H} \tag{2.5}$$

の形で線形表現することもできる．

　鉄の場合は磁化率 χ_m が他の材料に比べて大きな値 (最大で約 10^4) をもつが，一般の磁性材料について主に以下のように分類できる．

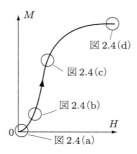

図 **2.6** 飽和磁化曲線

$$\chi_m > 0 \quad (\text{ただし，わずかな大きさ}) \quad \text{常磁性体}$$

$$\chi_m < 0 \quad \text{反磁性体}$$

$$\chi_m \gg 1 \quad \text{強磁性体}$$

常磁性体は磁化率がきわめて小さく，たとえばアルミニウムの場合 $\chi_m = 2.22 \times 10^{-5}$ という値であるので，工業的には**非磁性材料** (non-magnetic material) として扱われる．反磁性材料についても一般にきわめて磁化率が小さく，たとえば比較的に強い反磁性をもつグラファイトの場合でも，$\chi_m = -1.2 \times 10^{-4}$ (20°C) という値にとどまる．すなわち，このうちで**強磁性材料** (ferromagnetic material) だけが実用上の**磁性材料** (magnetic material) といえる．

2.3 磁性体のモデル

鉄のような強い磁性を示す材料では，磁区の大きさをもつ磁気モーメントの集まりとして捉えることができることを学んだ．そして，磁気モーメントは微小電流ループあるいは磁気双極子によって表現できることを知った．すなわち，磁性体の磁化はミクロな電流ループの集まりとみなした**電流モデル**，あるいはミクロな磁石の集まりであるとして眺めた**磁極モデル**のいずれかのモデルとして理解することができる (図 2.7)．

電流モデルで考える「電流」は，実電荷の移動による伝導電流とはまったく種類の異なったものであり，あくまでも等価な電流を仮定するに過ぎず，これを**磁化電流** (magnetizing current) と呼ぶ．また，磁極モデルにおける磁荷は実際に正負の磁荷を別々に取り出すことのできるようなものではなく，つねに正負が対として存

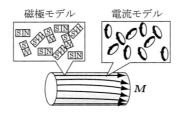

図 **2.7**　磁性体の磁化を表現する二通りのモデル

在するものである.

　さて，B と H についての構成方程式は第 1 章ですでに示したが，それを基に磁性体における磁化電流と磁荷の表現を導こう．まず，構成方程式として，

$$B = \mu_0 H + \mu_0 M \tag{2.6}$$

が成立した．磁性体の外部ではもちろん $M = 0$ であり，そこでは $B = \mu_0 H$ が成り立つ．すでに述べたように，B，H，M などの諸量は空間あるいは物質内の座標を関数として変化し，そのようなベクトル量を図に表現する場合は力線を用いるのが好都合であることも述べた.

　構成方程式の両辺について回転 rot の演算を行ってみると，$\mathrm{rot}\,H = j$（H の渦の強さ = 伝導電流の密度，すなわち，H の渦は伝導電流がない限り生じない）であることと，磁性体の内部では伝導電流 j は存在しないことから，

$$\mathrm{rot}\,B = \mu_0\,\mathrm{rot}\,M$$

を得る．ここで，磁化 M に等価な磁化電流密度を j_m とおけば

$$\mathrm{rot}\,M = j_m \tag{2.7}$$

となり，B の発生を表現する式として

$$\mathrm{rot}\,B = \mu_0 j_m \tag{2.8}$$

を得る．これは，j_m が B の渦の発生源となることを表している．$\mathrm{rot}\,M = j_m$ における磁化 M と磁化電流 j_m の関係は，磁化の向きを右ねじの進む方向に対応させれば，磁化電流は右ねじの回る向きになる.

　以上のことを図で説明すれば図 **2.8** のようになる．磁化 M が与えられたときに (同図 (a))，磁性体内部の各点において磁気モーメントの向きに対して右ねじの向きの，磁気モーメントに等価な微小電流ループが分布しているとみることができる

(同図 (b)). そこで, 磁気モーメントがもし一様に分布, したがって磁化が一様であれば, 電流ループは磁性体の側面を除いて打ち消しあうので, 側面部分だけが残って見えることになる (同図 (c)). もし, 式 (2.7) を用いて計算すると, 内部では磁化電流が 0 となって表面のみで値をもち, 同図 (c) の結果が求められる.

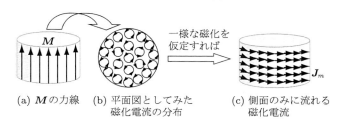

(a) $\boldsymbol{M}$ の力線　(b) 平面図としてみた　(c) 側面のみに流れる
　　　　　　　　　磁化電流の分布　　　　磁化電流

図 **2.8**　磁化に等価な磁化電流分布

　図 2.3 のソレノイドの問題については次のように説明できる. すなわち, ソレノイドの電流が鉄心を磁化するが, その磁化は等価な電流として表せて, 図 2.8 (c) のようにみなせる. したがって, 磁化の存在はあたかもソレノイドの電流を増やすことに等価であり, 磁化電流の分だけ磁束密度は増加するとみることができるのである.

　次に, 構成方程式の両辺について, div の演算を行ってみよう. $\boldsymbol{B}$ については $\operatorname{div}\boldsymbol{B}=0$ が成立することを考慮すれば

$$\operatorname{div}\boldsymbol{H}=-\operatorname{div}\boldsymbol{M}$$

を得る. すなわち, 磁化 $\boldsymbol{M}$ が不均一に分布する場所でのみ磁荷が現れるが, 磁荷密度を ρ_m とおけば

$$\operatorname{div}\boldsymbol{M}=-\rho_m \tag{2.9}$$

となるので, その磁荷を源として $\boldsymbol{H}$ が生じ次式を得る.

$$\operatorname{div}\boldsymbol{H}=\rho_m \tag{2.10}$$

　つまり, ρ_m が $\boldsymbol{H}$ の湧き出しの源であることを表現している. $\operatorname{div}\boldsymbol{M}=-\rho_m$ の関係式は, $\boldsymbol{M}$ の終点に正の磁荷 (N 極), 始点に負の磁荷 (S 極) が生じることを意味している. 磁化 $\boldsymbol{M}$ を磁荷 ρ_m として表したのが図 **2.9** である. 磁化 $\boldsymbol{M}$ が材料内部の各点で与えられたときに (同図 (a)), 磁性体内部では磁気モーメントを表す磁気双極子が分布しているとみることができる (同図 (b)). そこで, 磁化が一様であれば, 磁荷は磁性体の上下の端面を除いて正負の磁荷が打ち消しあうので, 端面

部分だけに磁荷が残って見えることになる (同図 (c)).

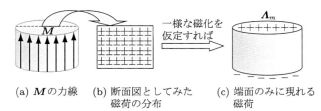

(a) M の力線 　(b) 断面図としてみた 　(c) 端面のみに現れる
　　　　　　　　　磁荷の分布 　　　　　　磁荷

図 2.9　磁化に等価な磁荷分布

2.4　磁性体の磁界分布

　式 (2.8) と式 (2.10) からわかるように，与えられた磁化 M を磁化電流で表した
ときは B が生じ，一方において磁荷で M を表したときに生じる場は H である．
磁化が一様である場合には，磁性体に現れる磁化電流は表面のみに限られるが，そ
のとき磁化 M に等価な表面電流密度は式 (2.7) を変形し

$$J_m = M \times n \tag{2.11}$$

を得る (図 2.8 (c))．ここで，n は磁性体表面を表す法線単位ベクトルであるが，側
面では直交しているので，側面のみに磁化電流が現れる．したがって，表面電流密
度のスカラー量は

$$J_m = M$$

と表される．同様に，一様な磁化は端面に現れる表面磁荷 Λ_m として表され，式
(2.9) を用いると次式で表現できる (図 2.9 (c))．

$$\Lambda_m = M \cdot n \tag{2.12}$$

　上下の端面において表面磁荷の絶対値は次のように書ける．

$$\Lambda_m = M$$

　図 2.10 には，一様な永久磁化をもつ円弧状の鉄心について M，H，B の各量
の分布の様子を示す．ただし，ギャップ部における H と B の分布のフリンジング
は無視して描いている．まず，同図 (a) のように磁化 M を与え，これを磁化面電
流密度 J_m に置き換えれば，まず B の分布がたとえば計算式

$$B = \frac{\mu_0}{4\pi} \int \frac{J_m \times r}{r^3} \, dS$$

によって求められるが (同図 (c))，H は構成方程式より

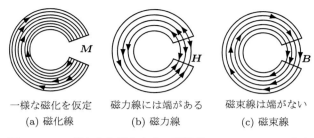

一様な磁化を仮定　　　磁力線には端がある　　　磁束線は端がない
　　(a) 磁化線　　　　　　(b) 磁力線　　　　　　(c) 磁束線

図 2.10　一様な永久磁化をもつ磁性体の B, H, M の分布

$$H = (B - \mu_0 M)/\mu_0$$

を用いて求められることになる (同図 (b)). 一方, 表面磁荷に置き換えたときは, まず H がたとえば, 計算式

$$H = \frac{1}{4\pi} \int \frac{\Lambda_m r}{r^3} \, dS$$

によって求められて (同図 (b)), B は同様に構成方程式

$$B = \mu_0(H + M)$$

を利用して計算される (同図 (c)).

　同図 (a) は磁化の状態を仮定するもので, M を表す**磁化線** (line of magnetization) を描いている. 同図 (b) は H を表す磁力線であり, 磁石両端面の磁荷を出発点あるいは終点としている. そして, 同図 (c) は B を表す磁束線で, 磁石側面の磁化電流を渦の中心とする分布となっているとみることができ, H と異なって端がなく閉ループをつくる. もちろん, 磁化線, 磁力線および磁束線は $B = \mu_0(H + M)$ の等式を満たすものである.

例題 2.1　図 2.11 のような, 面積 S, 高さ方向の厚み d の, 長方形状のコイルに電流 I [A] が流れている. ただし, コイルの幅方向の厚みは非常に小さいものとする. このコイルに等価な, 板磁石の磁化の大きさ M を求めよ.

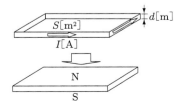

図 2.11

［解］ コイル面積 S を N 分割して，図 2.12 (a) のような小さな面積 ΔS をもつ微小コイルの集まりとして考えると，周辺以外では隣り合う電流が打ち消しあうので，与えられたコイルに等価であることがわかる．各コイルの電流は与えられた電流と同じ I [A] である．同図 (b) のように，微小電流ループを等価な磁気双極子で置き換えれば，磁気モーメント m の大きさは

$$m = q_m d = I\Delta S$$

で与えられる．磁化は磁気モーメントの単位体積当りの大きさであるから，

$$M = \frac{m}{d\Delta S} = \frac{I}{d} \qquad [\mathrm{A/m}]$$

を得る．

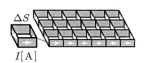

(a) 電流ループの集まり

(b) 磁気双極子の集まり

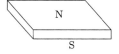

(c) 磁化 M をもつ永久磁石

図 2.12 　等価な板磁石への変換

2.5 　強磁性体のヒステリシス

　強磁性体における一般的な磁化特性は，図 2.4 のメカニズムから予想されるように，そのときの磁界の強さだけでなく，磁界にさらされた履歴にも依存した値をもつ．図 2.13 に強磁性体内における，磁界の強さ H を変化させたときの磁化 M および磁束密度 B の特性を示す．すでにメカニズムを述べたように，磁化していない状態から強磁性体の印加磁界を強くしていけば，材料内部の磁区のもつ磁気モーメントの向きがそろってくるが，ある点で磁化は飽和してしまう．図中の M_s がそれを表しており**飽和磁化** (saturation magnetization) と呼び，それ以上に磁界を強くしても磁化は頭打ちの状態となる．この状況においては，磁束密度の場合は $\mu_0 H$ の項がある分だけ図に示すようにわずかに増加を続けるが，磁化 M の増加が磁束密度 $B = \mu_0 H + \mu_0 M$ の増加に寄与する性質は失われている．この現象を**磁気飽和** (magnetic saturation) と呼ぶ．

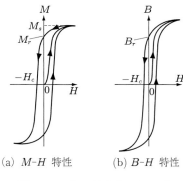

(a) *M-H* 特性　　(b) *B-H* 特性

図 **2.13**　ヒステリシスループ

　次に，その飽和している状態から磁界を小さくする場合を考えると，磁化の強さは小さくなるが，最初の曲線をたどらずに，磁界の強さが 0 のときに磁化 M_r が残る．これを**残留磁化** (residual magnetization, remanent magnetization) といい，式 (2.6) において $H = 0$ とおけばこのときの磁束密度の式となり

$$B_r = \mu_0(H + M_r) = \mu_0 M_r \tag{2.13}$$

を**残留磁束密度** (residual flux density, remanence) と呼ぶ．さらに，この残留磁化をもった状態の磁性体に負の方向の磁界をかけていくと，ある大きさでやっと磁化がなくなって $M = 0$ あるいは $B = 0$ となる．このときの磁界の強さを $-H_c$ と書いたとき，H_c を**保磁力** (coercive force; 保持力とも書く) と呼ぶ．

　ただし，磁性材料の種類によっては，磁化 M が 0 になる磁界の強さ H の絶対値が非常に大きいために，M は 0 になっても B は

$$B = \mu_0(H + M) = \mu_0 H \neq 0$$

となって，磁化 M と磁束密度 B が 0 になる磁界の強さ H に大きな違いが生じる．したがって，そのような特性の材料では磁化 M が 0 となるときの保磁力を特に**固有保磁力** (intrinsic coercive force) と呼んで区別する．また，磁化 M の代わりに，B と単位をそろえた

$$J = \mu_0 M$$

を定義し，J を**磁気分極** (magnetic polarization) と呼ぶが，磁気分極 J が 0 になる磁界の強さ H が固有保磁力であり，磁束密度 B が 0 となる保磁力と区別して，それぞれ H_{cJ} (固有保磁力)，H_{cB} (保磁力) と書くことがある．構成方程式から明

らかなように一般に $H_{cJ} > H_{cB}$ が成り立つ.

　印加する正負の最大磁界の絶対値が同じであれば,すなわち交流磁界をかけると図 2.13 のようにループをつくるが,これをヒステリシスループ (hysteresis loop) という.後述するように,ヒステリシスループの面積の大きさは,交流磁界下で強磁性材料を用いたときの損失の大きさを表す.たとえばトランスの鉄心のような用途では,コイル電流の大きさに応じて大きな磁束が鉄心内に生じれば十分であるから,保磁力は小さくかつヒステリシスループの面積が小さい材料が求められる.一方,永久磁石の場合は,磁化 M が大きくかつ外部磁界に対してできるだけ影響を受けないような材料が望ましく,したがって飽和磁化が大きくて保磁力が大きな磁性体が適していることになる.

　飽和磁化の大きなものが必要であることは両方の用途で共通した要求であるが,前者の場合は,磁化が印加磁界に応じて容易に追随することが必要な特性であり,このようなものを軟磁性材料 (soft magnetic material) という.また同時に,なるべく小さな励磁電流で大きな磁化を発生させることが必要であるので,大きな磁化率が求められる.

　一方,外部磁界に対して磁化の状態が容易には変わらないものは硬磁性材料 (hard magnetic material) と呼ぶが,永久磁石などの材料に該当する.軟磁性と硬磁性は保磁力の大きさで区別されるが,だいたい 800 A/m が境界とされている.硬磁性材料をつくるには特別の処理が必要で,磁壁を動き難くするために不純物を混ぜる方法,磁壁をなくす方法,あるいは磁壁が発生しないようにする方法などが採られる.硬磁性材料では磁気分極 J が 0 になる磁界の強さ H,すなわち固有保磁力 H_{cJ} が非常に大きいので,前述の J と B に関する保磁力の違いが出てくるのはこの場合である.

　図 **2.14** に軟磁性と硬磁性のヒステリシスループを示すが,もちろん飽和磁化の大きさは材料によってさまざまな値をもつ.ここで,磁化の式を構成方程式に代入すれば次式を得る.

$$\boldsymbol{B} = (1 + \chi_m)\mu_0 \boldsymbol{H} = \mu_s \mu_0 \boldsymbol{H} = \mu \boldsymbol{H} \tag{2.14}$$

ただし,μ_s は磁性体の**比透磁率** (relative permeability),μ は磁性体の**透磁率** (permeability) と呼ばれる.

　磁化した磁性体において,その内部で磁化とは逆向きに H の生じることを知ったが (図 2.10),ここで永久磁石に限定して考えると,磁化の不連続性に起因して端面

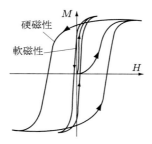

図 **2.14**　軟磁性と硬磁性

に現れる磁荷が逆向きの磁界をつくっていることに気づく．逆向きの磁界は磁化を弱める働きを意味するのであるが，これを**減磁力** (demagnetizing force) という（図 **2.15**）．減磁力は磁化の強さと磁性体の形状に依存することになるが，表面磁荷は磁化の強さに比例した大きさで生じるので，減磁力 H_d は次式で与えられる．

$$H_d = -\nu M \tag{2.15}$$

ここで，係数 ν を**減磁率** (demagnetizing factor) と呼び，たとえば一様に磁化している球体の場合は減磁率が $\nu = 1/3$，長さ方向に磁化している円筒形の場合においては，長さが直径の 10 倍のときに，$\nu = 0.017$ という数値をもつ．減磁力は，磁化が一様であれば端にだけしか磁荷が存在しないことから，磁石が長ければ長いほど減磁力は弱くなることは容易にわかる．すなわち，減磁力の大きさは材料の寸法によって変わる．そこで，たとえば永久磁石材料の節約をするために長さを小さくしようとすると，強い磁化を維持するためには大きな保磁力をもつ材料でなければならないこともわかる．

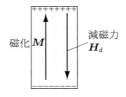

図 **2.15**　減磁力

2.6　硬磁性・軟磁性材料の特性の概要　●━━━━━━━

2.6.1　硬 磁 性 材 料

　永久磁石内部における磁界の強さは，一般には永久磁石自身のつくり出す減磁力に外部磁界を加えたものであり，その大きさと方向は永久磁石内部の場所によって変化をする．そこで，簡単のために孤立した永久磁石の動作について考えると，磁界の強さは減磁力 H_d のみであり，ヒステリシスループから磁束密度 B_d が求められ (図 **2.16**)，点 P をこの場合の動作点 (operating point) と呼ぶ．永久磁石としては，B_d が大きければ多くの磁束を発生させることができ，生じる電磁力も大きくなるので強い磁石といえる．一方，保磁力 H_c が大きければ，大きな減磁力が作用しても磁化は減衰しないので，耐久性があると判断できる．そこで，永久磁石としての特性を表す量としてエネルギー積 $B_d H_d$ が定義され，その最大値を最大エネルギー積 (maximum energy product) と呼ぶ．図のような $B\text{-}H$ 曲線の第 2 象限の部分を減磁曲線 (demagnetization curve) という．

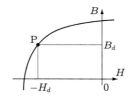

図 **2.16**　永久磁石の動作点

　永久磁石を用いてアクチュエータを構成したとき，電磁力の発生するギャップ部における磁気エネルギーの大きさは永久磁石のエネルギー積に比例し，したがって動作点が最大エネルギー積に一致するように選ばれればギャップにおいて最大の磁気エネルギーを達成できる．逆にいえば，同じ大きさの磁気エネルギーを達成するための永久磁石のサイズは，より大きな最大エネルギー積をもつ場合により小さくできる．永久磁石の最大エネルギー積は，1917 年に本多らによる KS 鋼の 8 kJ/m^3 に始まり，その後の高性能化により，Nd-Fe-B 系焼結磁石は 434 kJ/m^3 という数値をもつに至っている．

　現在実用化されている永久磁石には以下の種類がある．

（ｉ）　アルニコ磁石：アルミニウム Al，ニッケル Ni，コバルト Co を主成分とした合金磁石であり，鋳造磁石とも呼ばれる．鋳造によってつくられるために，

特にキュリー温度が約 850 °C と高く，残留磁束密度が大きい．しかし，保磁力がフェライトの約 5 分の 1 と小さいため，減磁しやすいという欠点がある．

(ⅱ)　フェライト磁石：Fe_2O_3 を主成分とする，粉末冶金法でつくられた複合酸化物．最大エネルギー積は大きくないが，特性が安定し安価という特長がある．残留磁束密度は低いが，保磁力はアルニコ磁石と希土類磁石の間に位置した大きさをもつ．

(ⅲ)　希土類コバルト磁石：希土類元素 (サマリウム Sm) とコバルト Co との金属間化合物磁石で，保磁力，最大エネルギー積ともに優れ，キュリー温度も高い (Sm-Co 系磁石：820°C)．

(ⅳ)　希土類鉄磁石：希土類元素 (ネオジウム Nd)，鉄 Fe，ボロン B から成る焼結合金磁石で，希土類コバルト磁石よりさらに保磁力ならびに最大エネルギー積が大きいが，キュリー温度が比較的に低い (Nd-Fe-B 系磁石：310°C)．

このように，(ⅲ) と (ⅳ) に示す希土類磁石は優れた性能をもっているので，機器の小型化と高出力化の要求から需要が大きい．代表的数値例を挙げてみると，希土類磁石の Nd-Fe-B 系磁石は

$$残留磁束密度\ B_r = 1.53\ \text{T}, \quad 保磁力\ H_{cB} = 7.76 \times 10^5\ \text{A/m}$$

$$最大エネルギー積\ (B_dH_d)_{\max} = 460\ \text{kJ/m}^3$$

これに対して，フェライト磁石の場合は

$$B_r = 0.44\ \text{T}, \quad H_{cB} = 2.23 \times 10^5\ \text{A/m}, \quad (B_dH_d)_{\max} = 36.7\ \text{kJ/m}^3$$

という値になり，図 2.17 に B-H 特性を示す．変圧器に使われる軟磁性材料の 4 ％ケイ素鋼板は保磁力が $H_c = 50$ A/m という小さな値をもつが，この値をみただけでも硬磁性と軟磁性の違いがわかる．

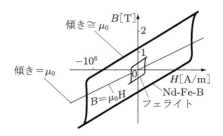

図 2.17　永久磁石の B-H 特性

2.6.2 軟 磁 性 材 料

　交流機器では電流が正負の値を繰り返すが，その場合の特性を考えるために，ヒ
ステリシスループをさまざまな最大値をもつ磁界について測定を行なえば，図 **2.18**
のような曲線群が得られる．そこで，ループの頂点をつないで描いた曲線を**正規磁
化曲線** (normal magnetization curve) と呼ぶ.

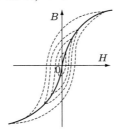

図 **2.18**　正規磁化曲線

　これに対して，交流を特に意識しない場合，単に磁化曲線といえば，先に述べた
ように磁化していない磁性体について磁界の強さ H を増加させていって飽和するま
での *B-H* 曲線を指す．磁界の強さがある限度を超えると，磁化はもはや増加せず
一定値 M_s となることはすでに述べた．すなわち，完全に飽和すると構成方程式は

$$B = \mu_0 H + \mu_0 M_s$$

となって，右辺第 1 項の分だけが増加をして磁束密度 B は H に対して μ_0 だけの
正のわずかな傾きをもつにとどまるようになる．

　比透磁率がたとえば 2000 程度の状態においては，鉄心ソレノイドにおいて，電
流をわずかに増加させるだけで大きな磁束密度の変化が得られるが，飽和領域に至
ると事情は一変して，磁束密度の変動は電流の変化の割に，きわめてわずかなもの
になってしまうのである．また，一般に硬磁性材料を含む磁性材料はその種類ある
いは製造過程などの種々の要因に基づく**磁気的異方性** (magnetic anisotropy) があ
り，方向によって磁化の容易さ，つまり透磁率が異なるものがある．しかし，もと
もと異方性のない材料でも薄板に加工する圧延過程に起因して磁気異方性が生じ，
モータの発生トルクが脈動するということも起こり得る．つまり，回転子が回転し
ているときに磁束が流れやすい角度とそうでない角度があり，応力は磁束密度の大
きさに依存するので，トルクの脈動が生じるのである．

　磁性材料内部に生じる損失を**鉄損** (iron loss) というが，ヒステリシス特性に基づ
く**ヒステリシス損** (hysteresis loss) と，磁性材料内に電流が流れることによるジュー

ル損としてのうず電流損 (eddy current loss) がある．まず，ヒステリシスを描くときのエネルギーについて定量的な検討を行ってみよう．B-H 特性の初期状態から磁界の強さを増したとき，磁気エネルギーが蓄積されることになるが，逆に減少させたときには蓄積された磁気エネルギーが完全には放出されないことに問題の核心がある．つまり，この取り残されたエネルギーが熱として捨てられることになるのがヒステリシス損である．磁界の強さ H を変化させることによって，磁化が M_1 から M_2 に変わり，そのために磁束密度が B_1 から B_2 に変わったときの電源がなした仕事は，単位体積当りで

$$
W = \int_{B_1}^{B_2} \boldsymbol{H} \cdot d\boldsymbol{B} = \int_{(B_1)}^{(B_2)} \boldsymbol{H} \cdot d(\mu_0 \boldsymbol{H} + \mu_0 \boldsymbol{M})
$$

$$
= \frac{1}{2} \mu_0 [H^2]_{H_1}^{H_2} + \mu_0 \int_{M_1}^{M_2} \boldsymbol{H} \cdot d\boldsymbol{M} = W_{\text{air}} + W_{\text{iron}} \qquad [\text{J/m}^3] \qquad (2.16)
$$

と与えられる．最後の式の第 1 項は，空気中の磁界を変化させるのに要したエネルギーで，第 2 項は磁性体を磁化するのに要した分を示し，図 2.19 のように表される．すなわち，これだけのエネルギーがそれぞれの要素に蓄積されることになる．

そこで，今度は逆に磁界の強さを H_2 から H_1 に弱めたとすれば，図 2.20 のようになり，図の $\bar{W}_{\text{air}}$ と $\bar{W}_{\text{iron}}$ の分に相当するエネルギーが回収できる．すると

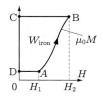

(a) 空気の磁気エネルギー成分　　　(b) 磁性体の磁化による磁気エネルギー成分

図 2.19　磁化のエネルギー

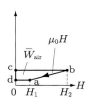
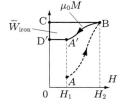

(a) 空気の磁気エネルギー成分　　　(b) 磁性体の磁化による磁気エネルギー成分

図 2.20　磁化のエネルギーの部分的回収

$$\bar{W}_{\mathrm{air}} = W_{\mathrm{air}}$$

$$\bar{W}_{\mathrm{iron}} < W_{\mathrm{iron}}$$

であるので，空気中のエネルギーは最初に送り込んだ分が戻ってくるが，強磁性体に送り込んだエネルギーは部分的にしか戻ってこない．つまり，強磁性体には，その差の分のエネルギーが吸収されたことを意味する．したがって，磁化と磁界の強さの関係が履歴現象をもつために，交流磁界を印加することでヒステリシスループを循環すると，一周するごとに磁性体にエネルギーが吸収されることになり，そのヒステリシスループの面積の分に相当するエネルギーは，次式で表される損失として熱に変わってしまう．これをヒステリシス損という．

$$W_{\mathrm{loss}} = \oint H dB = \mu_0 \oint H dM \qquad [\mathrm{J/m^3}] \tag{2.17}$$

この式から，M と H の磁化曲線から求めたヒステリシスループの面積と，B と H の曲線を用いて求めた面積は等価になることがわかる．

次に，うず電流損について定量的な検討を行うことにし，時間的に大きさの変動する磁束が鉄心を貫く図 **2.21** (a) に示すような状況を考える．第 1 章で述べた $\mathrm{rot}\, \boldsymbol{E} = -\partial \boldsymbol{B}/\partial t$ によって，磁束が入る方向に垂直な面に沿って渦状の電界が発生し，したがってうず電流が生じる．そこで，もし同図 (b) のように鋼板の厚みを小さくすると見かけの電気抵抗が増大するが，以下にそれを定量的に検討してみよう．

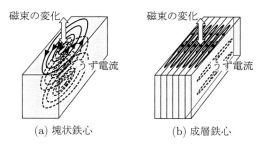

図 **2.21**　うず電流損失発生の低減

磁束密度 B と周波数 f が与えられたとき，鉄板を貫く磁束を ϕ，貫く断面積を S とおけば $\phi = BS$ と書けるので，鉄板に誘導される起電力は

$$e \propto \phi f = BS f$$

(式 (1.30)；起電力は磁束密度の時間的変化の速さに比例)

となる. 板厚を t とした場合 $S \propto t$ であるから

$$e \propto Btf$$

この起電力 e によって体積 $V(\propto t)$ に生じるジュール損 P は, 鉄心の抵抗率を ρ として, 一枚の鉄板当りのジュール損が次式となる.

$$P_{\text{plate}} \propto \left(\frac{e^2}{\rho} \right) V = \left(\frac{B^2 f^2}{\rho} \right) t^3$$

機器の鋼板の枚数は $1/t$ に比例するので, 機器全体のジュール損は上式に板の枚数を乗じて

$$P \propto \frac{t^2 B^2 f^2}{\rho} \tag{2.18}$$

を得る. したがって, ジュール損は板厚 t の 2 乗に比例し, かつ周波数 f の 2 乗に比例することがわかる. ゆえに, 厚みは小さいほどうず電流損を小さくできることがわかるが, 実際には過度に薄くすることは却って損失を大きくすることも知られている. この成層構造にしたものを成層鉄心 (laminated iron core) と呼び, 変圧器, モータ, 電磁石などの機器に用いられる.

一般には成層構造とするだけでなく, 抵抗率の高い, たとえば鉄にケイ素を数%だけ含有したケイ素鋼板 (silicon steel sheet) に絶縁皮膜を形成して積み重ねる方法がうず電流損を減らすために採られる. すなわち, もともと抵抗率の高いケイ素鋼板を積み重ねることで, 等価的な電気抵抗が二重に上げられることになる.

ところで, 通常の鉄では炭素や硫黄などから成る不純物が, 磁壁の移動や回転などに基づく磁気特性を劣化させるので, そのままでは電気機器の鉄心に用いることはできず, 不純物を取り除いた純鉄 (pure iron) として使う必要がある. 実際の鉄心材料としては, ケイ素鋼や純鉄の他に, 炭素鋼, 鋳鋼, および鉄系アモルファスなどが用いられる.

純鉄は電磁軟鉄とも呼ばれるが, その長所として高透磁率 (比透磁率が最大で 10^5 のオーダ), 高い飽和磁化, 低保磁力を有し, 良好な軟質磁性を示す. しかし, 短所として抵抗率が低いので, 交流磁界の下では誘導起電力により鉄心に大きなうず電流が流れて, うず電流損による温度上昇の問題を生じる可能性があり, したがって直流の用途に限られる. 交流の用途には, 前述のようにケイ素鋼板を積層した成層鉄心を多く用いる. ただし, 不必要にケイ素の含有率を増すと, 飽和磁化と加工性の低下が著しくなり, 一般に 5 % 以下に抑えられている.

鉄系のアモルファス材料はケイ素鋼に比べて抵抗率が高くしたがって鉄損が小さ

いが，飽和磁化の小さい傾向がみられる．電力機器に用いられるケイ素鋼板は一般に電磁鋼板 (electrical steel sheet) と呼ばれるが，その中でもすべての方向にほぼ均一な透磁率をもつものを無方向性ケイ素鋼板，そしてある方向に限って透磁率の高いものを方向性ケイ素鋼板という．前者は磁界の向きが常に変化するモータなどの用途に，後者は一般に高磁束密度，低鉄損，低磁歪という特長があり，磁束の流れの向きが一定な変圧器などに使用される．

　ところで，鉄損の増加の要因として大きいものに，鋼板における機械的歪や応力の残留がある．鉄心の打抜き加工や機器フレームへの固定などにより鉄損は増加し，圧縮応力が鉄損の増加につながることもわかっている．また，電力機器に用いる場合の鉄心に関する付随的な問題として電磁騒音があるが，この原因の一つとして，磁界の変化に従って材料内部に力学的な歪みが生じる磁歪 (magnetostriction) という現象がある．つまり，磁界が作用することで磁性体が磁化の方向にわずかな伸びを生じるのであるが，磁歪の小さい材料あるいは適切な機器構成の検討が電磁騒音の低減には必要となる．

2.6.3　永久磁石の定量的取り扱い

（1）　永久磁石の計算

　永久磁石のカタログにある代表的な数値は，残留磁束密度 B_r [T]，保磁力 H_c [A/m]，最大エネルギー積 $(B_d H_d)_{\max}$ [kJ/m^3] などがあるが，このうち残留磁束密度の値から磁化に等価な表面電流値を求めることが可能である．磁化の強さは動作点によって変化するので，厳密には動作点を求めて計算を進める必要もあるが，希土類の磁石の場合残留磁束密度に相当する磁化は，外部磁界が多少印加されてもほとんど変化しないと考えてよい (図 **2.22**)．すなわち，動作点の磁化を M とすれば，

$$B_r = \mu_0 M_r = \mu_0 M \tag{2.19}$$

また，それに等価な磁化表面電流はすでに述べたように

$$J_m = M \qquad [\text{A/m}]$$

図 **2.22**　磁化表面電流

で与えられる．ベクトル形式で表現すれば，外積の形となり

$$J_m = M \times n \qquad [\text{A/m}]$$

と表せた．

例題 2.2 Nd-Fe-B 系磁石について残留磁束密度を $B_r = 1.53$ T とする．磁石の厚み h を 5 mm としたときの等価な電流の大きさ I [A] を求めよ．ただし，実際の動作点の磁束密度と残留磁束密度の差は小さいとして計算せよ．

[解]　磁化に等価な表面電流密度は

$$J_m = M_r = \frac{B_r}{\mu_0} = \frac{1.53}{4 \times \pi \times 10^{-7}} \cong 1.22 \times 10^6 \, [\text{A/m}]$$

となり，磁石の厚みを乗じて等価な電流の大きさは

$$I_m = h J_m = 5 \times 10^{-3} \times 1.22 \times 10^6 = 6.1 \, [\text{kA}]$$

で与えられる．

（2）　永久磁石の動作点の計算

図 **2.23** のようにドーナツ状の鉄棒に加えて，厚み l_p の永久磁石，およびギャップ g を考える．ただし，鉄の透磁率は非常に大きいものとして無限大と仮定し，ギャップでの磁束のフリンジングは無視できるものとする．このとき，磁束密度はその連続性，すなわち発散が 0 の性質により各要素ですべて等しいと仮定できる．永久磁石での磁界の強さと磁束密度をそれぞれ H, B，ギャップでの磁界の強さを H_g とおいて，アンペールの法則を適用すれば

$$H l_p + H_g g = H l_p + \frac{B}{\mu_0} g = 0$$

すなわち，

$$\frac{B}{H} = -\frac{\mu_0 l_p}{g} \tag{2.20}$$

となって，磁束密度と磁界の強さの比が決まる．この式は図 **2.24** に示すように

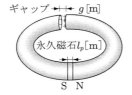

図 **2.23**　永久磁石による磁束の発生

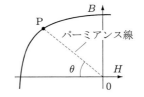

図 **2.24**　永久磁石の動作点

$$\tan\theta = \frac{\mu_0 l_p}{g} \tag{2.21}$$

の傾きをもつ直線となり，この直線と傾きをそれぞれパーミアンス線 (load line) およびパーミアンス係数 (permeance coefficient) と呼ぶ．なお，パーミアンスとは磁束の流れやすさのことをいう．ここで，永久磁石の B-H 曲線を考慮に加えると，パーミアンス線と B-H 曲線の交点 P が動作点になる．つまり，磁束の流れやすさと永久磁石の厚みが変わることによって動作点は移動することになる．

例題 2.3　図 2.25 のような二種類のドーナツ状鉄心を考え，鉄心部の平均長さは共に l [m]，断面積 S [m²]，磁化率 χ_m，および透磁率を μ とする．同図 (a) はギャップをもたない場合で，同図 (b) は長さ g [m] のギャップが付加された場合である．周囲に一様に N 回のコイルを巻いて電流 i [A] を流したときの鉄心部の磁化を求めよ．ただし，鉄心内部における磁界の強さはいたるところ等しく，磁化は一様であるとする．さらに，ギャップ部において磁束のフリンジングはなく，したがってギャップ部と鉄心部の磁束密度は等しいと仮定する．

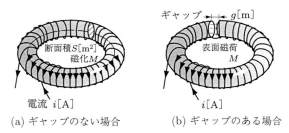

(a) ギャップのない場合　　(b) ギャップのある場合

図 2.25　外部磁界の印加されたドーナツ状鉄心

[解]　鉄心にギャップのない場合，図に示す鉄棒の中心に沿ってアンペールの法則を適用すると，鉄心部の磁界の強さを H [A/m] とおけば

$$\oint_C H ds = Hl = Ni$$

$$\therefore \quad H = \frac{Ni}{l} \quad [\text{A/m}] \tag{2.22}$$

したがって，鉄心の磁化 M と磁束密度 B は

$$M = \chi_m H = \frac{\mu - \mu_0}{\mu_0} \cdot \frac{Ni}{l} \quad [\text{A/m}] \tag{2.23}$$

$$B = \mu H = (1 + \chi_m)\mu_0 H \quad [\text{T}] \tag{2.24}$$

次に，ギャップのある場合には，鉄心の端に生じる表面磁荷

$$\Lambda_m = \boldsymbol{M} \cdot \boldsymbol{n} = \pm M \tag{2.25}$$

によって減磁力 H_d が生じるが，ギャップに対しては磁界の強さを強調する方向に作用する．その磁界の強さを H_{ga} とおき，コイル電流が直接につくる磁界の強さを H_c とすれば，鉄心部とギャップ部において磁束密度と磁界の強さは

$$B = \mu H \qquad \text{(鉄心部)}$$

$$H = H_c - H_d \quad \text{(鉄心部)}$$

$$B_g = \mu_0 H_g \qquad \text{(ギャップ部)}$$

$$H_g = H_c + H_{ga} \quad \text{(ギャップ部)}$$

したがって，アンペールの法則より

$$Hl + H_g g = (H_c - H_d)l + (H_c + H_{ga})g = Ni \tag{2.26}$$

ここで，表面磁荷のつくる磁界 H_d と H_{ga} だけに着目してアンペールの法則を適用すれば，次式が成り立つ．

$$H_d l - H_{ga} g = 0 \tag{2.27}$$

この二式から

$$H_c = \frac{Ni}{l + g} \tag{2.28}$$

となる．ただし，この式は H_c に関するアンペールの法則からももちろん導ける．さらに，磁束密度の仮定により

$$\mu(H_c - H_d) = \mu_0(H_c + H_{ga})$$

以上により

$$H_d = \frac{(\mu - \mu_0)g}{\mu_0 l + \mu g} \cdot \frac{Ni}{l + g} \tag{2.29}$$

$$H_{ga} = \frac{(\mu - \mu_0)l}{\mu_0 l + \mu g} \cdot \frac{Ni}{l + g} \tag{2.30}$$

が求められて，ギャップがある場合の磁化の式として，

$$M = \chi_m H = \frac{\mu - \mu_0}{\mu_0}(H_c - H_d) = \frac{\mu - \mu_0}{\mu_0 l + \mu g} Ni \tag{2.31}$$

を得る．すなわち，ギャップが存在することによって，分母における μg の分だけ磁化は小さくなることがわかる．

2.7　磁 気 回 路

2.6.3 項の例題のような場合，磁束の通路が鉄心によって形づくられ，状況としては電気回路と類似しているが，磁束の流れを扱う回路を**磁気回路** (magnetic circuit) と呼ぶ．まず磁束と電流に関する基本方程式を比較してみることにしよう．

2.7.1　電気回路と磁気回路の双対性

　表 **2.1** は磁束の流れと電流の流れに関する定量的な性質の双対性を示すものである．図 **2.26** に示す磁束の流れ，すなわち磁気回路を考えると，断面積 S [m²] 内で磁束は一様に流れているとみなせば，表中の磁束の関係式 (ⅲ) より

$$BS = \Phi \tag{2.32}$$

を得る．

表 2.1　磁束と電流の流れについての双対性

磁束の流れ	電流の流れ
(ⅰ)　$\mathrm{div}\,\boldsymbol{B} = 0$ 「磁束の流れは常に連続で，途中で消えたり湧き出したりしない」	(ⅰ)　$\mathrm{div}\,\boldsymbol{j} = 0$ 「電流の流れは連続で，途中で消えたり湧き出したりしない」
(ⅱ)　$\boldsymbol{B} = \mu\boldsymbol{H}$ B と H の関係	(ⅱ)　$\boldsymbol{j} = \sigma\boldsymbol{E}$ j と E の関係
(ⅲ)　$\displaystyle\int \boldsymbol{B}\cdot\boldsymbol{n}\,dS = \Phi$ 「磁束密度＝磁束の流れの密度」	(ⅲ)　$\displaystyle\int \boldsymbol{j}\cdot\boldsymbol{n}\,dS = I$ 「電流密度＝電流の流れの密度」
(ⅳ)　$\displaystyle\oint \boldsymbol{H}\cdot d\boldsymbol{s} = \sum_{n} I_n$ 「アンペールの法則」	(ⅳ)　$\displaystyle\oint \boldsymbol{E}\cdot d\boldsymbol{s} = V$ 「起電力＝電界の強さの線積分」

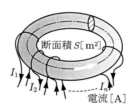

図 2.26　磁気回路モデル

　磁束の流れる平均長さを l [m] としてアンペールの法則を適用すると

$$\oint \boldsymbol{H}\cdot d\boldsymbol{s} = \frac{\Phi}{\mu S}\oint ds = \frac{\Phi}{\mu S}l = \sum_{n} I_n \tag{2.33}$$

となるが，ここで

$$R_m = \frac{l}{\mu S} \tag{2.34}$$

$$V_m = \sum_{n} I_n \tag{2.35}$$

とおけば，電気回路のオームの法則と同じ形の，線形の磁気特性をもつ磁気回路に
関するオームの法則を次式のように得る．

$$V_m = R_m \Phi \tag{2.36}$$

ここで，V_m は**起磁力** (magnetomotive force: mmf)，R_m を**磁気抵抗** (reluctance)
という．図 **2.27** に磁気回路の集中定数表現を示す．また，磁気抵抗の逆数はパー
ミアンス (permeance) と呼ばれ

$$P_m = \frac{1}{R_m} \tag{2.37}$$

と書ける．

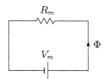

図 **2.27**　図 2.26 の磁気回路表現

以上により，電気回路と磁気回路の双対関係が**表 2.2** のように得られる．透磁率
の異なる要素が直列になっている場合の合成磁気抵抗は，電気抵抗の場合と同様に
各磁気抵抗の和となり

$$R_m = \sum_i R_{mi} \tag{2.38}$$

並列の場合も同様に電気回路と同じ形をもち

$$\frac{1}{R_m} = \sum_i \frac{1}{R_{mi}} \tag{2.39}$$

により求められる．パーミアンスの表現を用いると，並列の場合の合成パーミアン
スは

$$P_m = \sum_i P_{mi} \tag{2.40}$$

と表される．なお，線形磁気特性をもつという仮定は強磁性体のみを考えれば奇異
に感じられるが，電気機器で用いられる磁気回路の多くでは空気ギャップの部分が
含まれるために強磁性体の磁気抵抗が及ぼす非線形性の影響は弱くなるので，妥当
な計算が可能となる．

表 **2.2**　磁気回路と電気回路の双対性

磁気回路			電気回路		
起磁力	V_m	[A]	起電力	V	[V]
磁束	Φ	[Wb]	電流	I	[A]
磁気抵抗	R_m	[1/H]	電気抵抗	R	[Ω]
パーミアンス	P_m	[H]	コンダクタンス	G	[S]
磁界の強さ	H	[A/m]	電界の強さ	E	[V/m]
磁束密度	B	[T]	電流密度	j	[A/m^2]
透磁率	μ	[H/m]	導電率	σ	[S/m]
オームの法則	$V_m = R_m \Phi$		オームの法則	$V = RI$	
B と H の関係	$B = \mu H$		j と E の関係	$j = \sigma E$	
磁気抵抗の式	$R_m = \dfrac{l}{\mu A} = \dfrac{1}{P_m}$		電気抵抗の式	$R = \dfrac{l}{\sigma A} = \dfrac{1}{G}$	

2.7.2　永久磁石の磁気回路における等価表現

　永久磁石を含む磁気回路について，永久磁石を磁気回路の要素としてどのように数式表現すればよいかを考えよう．そのためにはまず，永久磁石のリコイル (recoil) という現象について説明をしておく必要がある．強磁性体は磁界の強さの最大値 (図 **2.28** の H_max) を変えることによって，異なる幅のヒステリシスループをつくる．特に，磁気飽和を起こすまで磁界の強さを増大させたときに残留磁束密度や保磁力が定義されたことに注意する必要があるが，このループはメジャーループ (major loop) と呼ばれる．

　いま，動作点が図の点 $\mathrm{P_1}$ にあるとして，この点から磁界を弱めると動作点は $\mathrm{P_1}$ から $\mathrm{P_2}$ に至り，次に元の磁界の強さに戻せば異なる経路を通って $\mathrm{P_1}$ に戻る小さなループを形成する．このように，メジャーループではない局所的なものをマイナーループ (minor loop) という．電磁力機器において，ギャップが動的に変化する場

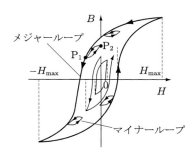

図 **2.28**　マイナーループとリコイル

合，あるいは外部磁界が時間的に変化するような場合は，初期動作点からのマイナーループをつくり，減磁曲線からずれることになる．

図 **2.29** に動作点 P_1 近傍の拡大図を示すが，マイナーループの幅は狭いので一般には中央を通る図に示すような直線で近似し，これをリコイル線 (recoil line) という．リコイル線に関して，動作点近傍における磁化は磁界の強さを用いて

$$M = M_0 + \chi_m H \tag{2.41}$$

と表現できる．

ただし，M_0 は定数であり，動作点の場所によって決まる値である．

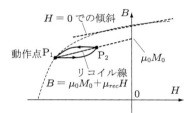

図 **2.29** 永久磁石の特性の直線近似

B と H の関係式に上式を代入して，動作点におけるリコイル線の式として次式を得る．

$$B = \mu_0(H + M) = \mu_0 M_0 + \mu_{\mathrm{rec}} H \tag{2.42}$$

ただし，$\mu_{\mathrm{rec}} = \mu_0(1 + \chi_m)$．

ここで現れたリコイル曲線の傾斜を表す透磁率 μ_{rec} をリコイル透磁率 (recoil permeability) と呼ぶ．リコイル透磁率は動作点によって変わるが，減磁曲線の $H = 0$ における値でほぼ代表できる．リコイル透磁率の空気に対する比率はリコイル比透磁率 (relative recoil permeability) と呼ぶ．結局，永久磁石の動作点は以下のようにして決まることがわかる．

（ｉ）　減磁曲線とパーミアンス線の交点で初期動作点が決定される．

（ⅱ）　初期動作点からマイナーループをつくるような磁界が作用，あるいはパーミアンス線の傾きが変化すると，動作点はリコイル線とパーミアンス線の交点として移動する．

以上の結果に基づいて図 **2.30** に示すようなモデルを考え，永久磁石の減磁曲線，あるいはリコイル線が図 **2.31** のように直線で近似されたときの，磁気回路の計算

について考える．磁気回路を流れる磁束を Φ，磁束の流れる断面積を S とおき，鉄心部の磁気抵抗は無視する．ここではとりあえず減磁曲線もリコイル線と同じ傾きであると仮定すれば，永久磁石内での磁界の強さは，

$$H = \frac{B}{\mu_{\text{rec}}} - \frac{\mu_0 M_0}{\mu_{\text{rec}}} = \frac{\Phi}{\mu_{\text{rec}} S} - \frac{\mu_0 M_0}{\mu_{\text{rec}}} \tag{2.43}$$

アンペールの法則を用いると，ギャップにおける磁界の強さ H_g を用いて

$$H l_p + H_g g = \frac{\Phi}{\mu_{\text{rec}} S} l_p - \frac{\mu_0 M_0}{\mu_{\text{rec}}} l_p + \frac{\Phi}{\mu_0 S} g = 0$$

すなわち，磁気回路の方程式が次のように表される．

$$\frac{\mu_0 M_0}{\mu_{\text{rec}}} l_p = \Phi \left(\frac{l_p}{\mu_{\text{rec}} S} + \frac{g}{\mu_0 S} \right) \tag{2.44}$$

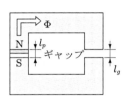

図 2.30　永久磁石を含む磁気回路　　　　図 2.31　永久磁石特性の直線近似

　左辺は起磁力，右辺は永久磁石とギャップでの磁気抵抗の和に磁束を乗じたものである．したがって，永久磁石の起磁力を V_{mp}，永久磁石の磁気抵抗を R_{mp} とおけば，これらの公式として次式を得る（図 2.32）．

$$V_{mp} = \frac{\mu_0 M_0}{\mu_{\text{rec}}} l_p \tag{2.45}$$

$$R_{mp} = \frac{l_p}{\mu_{\text{rec}} A} \tag{2.46}$$

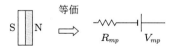

図 2.32　永久磁石の等価回路表現

2.7.3　磁束の漏れとフリンジング

　図 2.33 はコイル，鉄心およびギャップからなる系について，磁束分布を示した例であるが，すべての磁束が必ずしも鉄心に沿って流れているわけではないことがわ

かる．電気回路の場合は，導体と空気の間には導電率の大きさに比較にならないぐらいの開きがあり，電流が回路から漏れて空気中を流れることは，通常あり得ない．しかし，磁気回路では鉄心と空気では電気回路ほどの違いはなく，空気中にも磁束が漏れてしまうのである．図を見ると，図の中央部分では磁束が長い空気の層であるにもかかわらず横断して漏れている．このような磁束を**漏れ磁束** (leakage flux) という．図 2.33 の磁気回路を描けばたとえば図 **2.34** のようになり，等価回路図中の Φ_l は図のすべての漏れ磁束をまとめて表現したものである．

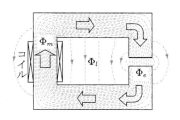

図 **2.33**　漏れ磁束の発生

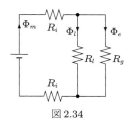

図 **2.34**　磁気回路の表現

2.8　磁性流体

磁性流体 (magnetic fluid) は，いわば鉄粉が液体になったような材料であり，磁性体の磁区の観察が開発の目的であったといわれている．今日のように機能性材料として発展したきっかけは，アメリカ NASA の宇宙船や宇宙服への応用であり，それらの可動部分などにおける密閉用シールへの応用として大きな改良が加えられた．磁性流体は 10 nm 程度のきわめて小さな径をもつマグネタイト (Fe_3O_4) などの強磁性体の超微粒子の表面に，界面活性剤を吸着させて油や水などのベースオイルに安定的に分散させた溶液である．界面活性剤のつくる粒子間の反発力と微粒子に起こるブラウン運動により，磁界による粒子の凝集，および重力による沈降が生じないように工夫されている．磁化特性は図 **2.35** に示すように，磁界の強さに対して非線形ではあるが，ヒステリシスは示さず，次式で表される．

$$M = Nm\,L\left(\frac{\mu_0 mH}{kT}\right) \tag{2.47}$$

ただし，N：粒子の数密度，m：粒子の磁気モーメント，k：ボルツマン定数，T：絶対温度，M_s：飽和磁化，$L(\xi) = \coth\xi - \xi^{-1}$（ランジュバン関数）．

磁性流体を容器に入れて図 **2.36** のように中央の導線に電流を流すと，磁性流体

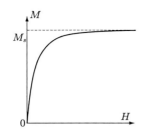

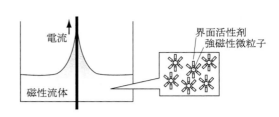

図 2.35　磁性流体の磁化特性　　図 2.36　磁性流体の磁化によって発生する力による液面の盛り上がり

には磁界が作用して磁化を起こし，液面が盛り上がるという現象が生じる．これは磁性流体が磁化することでマクスウェルの応力により，磁性流体の圧力が大きくなるために生じるのであるが，拡張されたベルヌーイの定理，すなわち圧力エネルギー，運動エネルギー，位置エネルギー，そして磁気的ポテンシャルエネルギーの和が一定になるという法則によっても説明できる．つまり，導線に近い部分の磁性流体では磁気的ポテンシャルエネルギーが低く (負の大きな値)，したがってそこでは位置エネルギーが大きな値をもつことになるのである．

　その他の特性も含めて特徴をまとめると，以下のようになる．

・磁化により応力が生じる
・磁界により見かけの粘度が増加する
・温度の上昇に対しては飽和磁化が減少する
・磁界による光学的な異方性を生じる

　このような性質により，応力の発生を利用した圧力シール，粘度の制御によるアクティブダンパ，光学的な性質を利用した光シャッターなどの応用がある．図 2.37 は，磁性流体を磁気回路の一部とすることにより，シールを行う原理を示している．

　磁性流体は溶媒 (base liquid) によって種類が分けられ，水ベース磁性流体，炭化水素油ベース磁性流体，シリコーン油ベース磁性流体，およびふっ素油ベース磁性

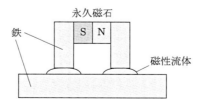

図 2.37　磁性流体によるシール

流体がある．水ベースの磁性流体は使用している際に水が蒸発するという問題があるので，その使用には制限を伴う．コストの点では，炭化水素油ベースが適当であるが，特殊環境下での使用にはふっ素油ベースが適している．実際の磁性流体の飽和磁化の値は，$\mu_0 M_s = 10 \sim 60$ mT 程度である．

2.9 圧 粉 磁 心

　ケイ素鋼板の場合はうず電流損を減少させるために板厚を薄くしたが，圧粉磁心 (compressed powder core, dust core) は，図 **2.38** に示すように粒径の非常に小さな鉄粉同士を絶縁して固めることで低いうず電流損を達成するものである．カルボニル鉄粉やパーマロイ粉などの磁性粉末を無機系の絶縁皮膜で覆って，それを樹脂で固めてつくられる．したがって，絶縁皮膜の存在によって電気抵抗率が高くなりうず電流損は減少する．

　透磁率は，低周波数領域でケイ素鋼板が圧粉磁心に比べて高いが，高周波域になると圧粉磁心が逆に高くなる．すなわち，圧粉磁心は広い周波数域にわたって高い透磁率が維持される特長をもつ．また，通常のケイ素鋼板による鉄心は鋼板を積層するという理由から，モータなどを作製する場合に形状は積厚方向に一様なものとなる．しかし，圧粉磁心は 3 次元的な形状をもたせることができるので形状の最適化が可能で，その形状効果によりモータなどの小型化や特性の向上を図ることができる．さらに，衝撃力を与えることで圧粉磁心の粉砕ができるので，リサイクルが容易となるという利点もある．主な特長をまとめると以下のようになる．

（ i ）　高い周波数まで高透磁率
（ ii ）　電気抵抗率が高いのでうず電流損が低い
（ iii ）　形状自由度が高い
（ iv ）　粉砕が可能なのでリサイクルが容易

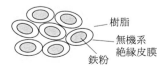

図 **2.38**　圧粉磁心の構造

演 習 問 題 ●━━━━━━━━━━━━━━━━━━━━━━━━━━━━━━━━━━

[問題 2.1] 厚み h が 2 mm,面積 S が 50 mm^2 の永久磁石がある.磁化が $M = 0.5 \times 10^6$ A/m とすれば,永久磁石全体を一つの磁気モーメントとしてみなした場合,その大きさはいくらか.

[問題 2.2] 例題 2.3 の系について,磁気回路の問題として扱い,合成磁気抵抗と磁束を,それぞれの場合について求めよ.

[問題 2.3] 例題 2.3 の図 (b) の系について,永久磁石が鉄心中の一部に入っている場合の磁束を求める式を導け.ただし,永久磁石の起磁力の式を用いた場合と,減磁曲線が与えられた場合について求め,鉄心の透磁率は一定とせよ.

第3章

超 電 導 体

　金属の電気抵抗は，原子の熱振動および不純物によって伝導電子の運動が消耗させられることにより生じることから，通常の温度の範囲では温度を下げて不純物を少なくすればするほど，電気抵抗は小さくできることになる．そこで，絶対零度における電気抵抗に関して古典的には二通りの予想ができ，その一つは絶対零度では伝導電子でさえ動きをまったく止めるであろうと考え，電流は流れなくなるというものである．他方の予想は原子の熱振動がなくなるのであれば伝導電子は散乱を受けないので電気抵抗は 0 となるというものである．

　正しいのは後者であるが，これを達成するために求められるのはきわめて純粋な金属をつくることであり，仮に絶対零度を実現できたとしても実際には不純物に起因する**残留抵抗** (residual resistance) は避けられない．しかし，ある種の材料では絶対零度に頼らずに電気抵抗を完全になくすことが可能となる．つまり，古典物理学的なメカニズムではなく，量子力学的な効果によって電気抵抗が 0 となるのである．

　この現象は古典的な電気伝導理論のメカニズムを超えたものであるということから，**超電導** (superconductivity) と呼ばれ，1911 年にオランダの H. K. Onnes によって発見された．そして，電気抵抗が消失するメカニズムは，1957 年にアメリカの J. Bardeen，L. N.Cooper および J. R. Schrieffer によって提唱された BCS 理論により明らかとなった．近年，電気機器の分野では強力な電磁石，きわめて損失の少ない導線，あるいは安定な浮上力を発生させるものとして超電導の応用が進んでいる．

3.1　超電導体の材料

　最初に超電導が確認された水銀についての電気抵抗の変化を図 **3.1** に示すが，非常に低いある一定温度で電気抵抗が突然 0 になる．この現象は上述のような古典

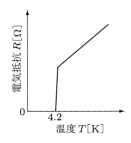

図 **3.1**　水銀での超電導の発見

物理学的考察によっては説明のつかないものである. さらに特異なこととしては, 常温で電気抵抗の大きな材料においてこの現象が現れるが, 電気抵抗の小さな材料については現れないのである. 超電導になる温度を転移温度あるいは臨界温度 (critical temperature) と呼び, 通常 T_C の記号が使われる. なお, 物理関係の分野を中心に使われている「超伝導」という用語は, 英語名を直訳した形である.

　臨界温度は材料によって異なるが, これまでに以下のような超電導体が発見されている.

　（ⅰ）　水銀に代表される金属元素

　（ⅱ）　ニオブチタン (NbTi) などの合金

　（ⅲ）　ニオブスズ (Nb₃Sn) , 二ホウ化マグネシウム (MgB₂) などの化合物

　（ⅳ）　ビスマス系 ((Bi, Pb)₂Sr₂Ca₂Cu₃Oₓ), イットリウム系 (YBa₂Cu₃Ox; YBCO と略される) やネオジウム系 Nd₁₊ₓBa₂₋ₓCu₃Oᵧ のような酸化物

　（ⅴ）　フラーレン

　（ⅵ）　有機物

　（ⅰ）〜（ⅲ）は金属系の超電導体であり, （ⅳ）はセラミクスの超電導体である. (ⅲ) の二ホウ化マグネシウムは日本で 2001 年に発見されたが, BCS 理論によって予測される金属系の限界を超える 39 K という臨界温度をもっている点で大きな発見ともなっている. セラミクス系については, 1986 年にランタン・バリウム・銅の酸化物が 30 K の臨界温度をもつことが発見され, その翌年には 90 K の臨界温度をもつイットリウム・バリウム・銅の酸化物, さらに同じ年に 110 K のビスマス系超電導体, 1988 年には 125 K の臨界温度をもつタリウム系超電導体が発見された. フラーレンは, 60 個以上の炭素原子が球状あるいはチューブ状につながった中空構造を有する巨大分子であるが, 100 K を超える臨界温度も期待される新しい材料で

ある.

　臨界温度以下に冷却する方法としては,直接に冷凍機を用いる方法の他に,以下のような冷媒を用いる方法がある.

（ⅰ）　液体ヘリウム (沸点 4.25 K)

（ⅱ）　液体窒素 (沸点 77.35 K)

　超電導体の臨界温度はある時期までは約 10 K 以下であったので,冷媒としては液体ヘリウムに依存するしかなかった.しかし,前述 (ⅳ) の酸化物超電導体の登場により状況は変わり,沸点が 77 K の経済的で安全な液体窒素によって超電導が達成できるようになった.これを高温超電導体 (high temperature superconductor, high-T_c superconductor) と呼ぶ.材料によっては 150 K 以上の臨界温度をもったものもある.臨界温度が上がることは冷凍機の効率を上げることにもなり,経済的な効果は大きい.たとえば,冷凍機の効率は 4.2 K において約 0.1 〜 0.2 ％であるのに対して,80 K では約 10 〜 15 ％となり,液体ヘリウムを使う場合に比べて液体窒素の場合は効率が 100 倍程度上昇することになる.ただ酸化物超電導体は,臨界温度は高いものの,セラミクスであるために単独ではもろくて延展性がないという欠点もある.

　超電導状態では電気抵抗が 0 となって,電気抵抗が起因となるジュール損による熱発生がなくなり,したがって電源なしで電流が流れ続ける永久電流 (persistent current) をつくる.これはシステムを構成する上で大きな長所となり,実際に磁気浮上式車両用として,電源が磁石部に対しては不要で冷凍機用のものだけで済む強力な電磁石として利用されている.ところで,通常の導線で電磁石をつくれば,磁束密度を増すために鉄心ソレノイドとするのが代表的な形となるが,それには二つの問題点がある.

（ⅰ）　強磁性体の磁気飽和

（ⅱ）　導線の電気抵抗によるジュール損

　ジュール損の発生は温度上昇を意味するので,電磁石の規模に応じた冷却装置が必要になるという問題を生じる.そこで,超電導材料でコイルをつくれば,大きな電流を流しているにもかかわらず熱は発生せず,したがって大きな磁束を発生するのに強磁性体に頼る必要もなくなる.さらに,電源は冷媒による低温の維持についてのみ考えればよいのである.

3.2　超電導体の磁気特性 ●━━━━━━━━━━━━━━━━━

　超電導体の顕著な性質として完全反磁性があるが，マクロなスケールの物理法則であるマックスウェルの方程式でこれが果たして説明できるかどうかをみてみよう．超電導体は電気抵抗が 0 であることから内部では電界が存在しない ($E = 0$) ので，マックスウェルの方程式 rot $E = -\partial B/\partial t$ において左辺が 0 となって B は時間的に一定となる．すなわち，磁界中で冷却して電気抵抗が 0 になったとき，もし単純な完全導体であれば，貫いていた磁束はそのまま材料内部に残るはずであるが，実際はどうであろうか．

　超電導体では図 **3.2** の磁束線に示すように，冷却と外部磁界の順序がどうあろうと臨界温度 T_C 以下である限り磁束は排除されてしまう．すなわち，超電導体は単純な完全導体ではないのである．超電導体は永久磁石のつくる磁束を排除するので，両者に反発力を生じることにもなる．この完全反磁性の現象をマイスナー効果 (Meissner effect) といい，超電導体内部で「$B = 0$ が成立する」と表現できる．この現象はロンドン方程式と呼ばれる支配方程式で定量的に求められ，表面付近だけには磁束が侵入しているが，その深さはわずかに約 10^{-5} 〜 10^{-6} cm となっており，これを磁束侵入深さ (penetration depth) という．

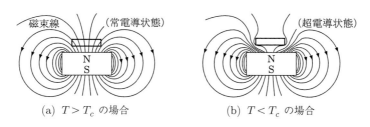

(a) $T > T_c$ の場合　　　　　　(b) $T < T_c$ の場合

図 **3.2**　マイスナー効果

　侵入磁束を制限している原因は超電導体表面付近の薄い層に流れる電流にあり，この電流を遮へい電流 (screening current, shielding current) と呼ぶ．すでに述べたように，磁性体の場合の磁化の表現法として磁化電流があったが，その場合の磁化電流は電子のスピンなどを等価的に表す便宜的な電流であって，電荷の移動によるところの伝導電流ではなかった．しかし，遮へい電流は電子の流れのつくる伝導電流であるところが，通常の磁性体の磁化電流とは異なる．マイスナー効果を磁束密度と磁界の強さの関係として表せば

$$B = \mu_0 H + \mu_0 M = \mu_0 H + \chi_m \mu_0 H = \mu_0 (1 + \chi_m) H = 0$$

となるので，形式的には磁化率 χ_m が -1 の磁性体とみなせる.

　さて，比較的に小さな外部磁界に対しては超電導体が完全反磁性を示すが，磁界の強さがある値を超えると事情が変わってくる. 材料によって磁気特性は大きく二つに分かれ，図 **3.3** のように**第 1 種** (Type1) と**第 2 種** (Type2) の超電導体として分類される. 第 1 種の超電導材料は図に示す**臨界磁界** (critical field)H_c において超電導状態が壊れ，すなわち空気と同じ $B = \mu_0 H$ の特性となる. 一方，第 2 種の超電導材料では**下部臨界磁界** (lower critical field) と呼ばれる図の H_{c1} を超えると超電導部分と常電導部分の混じった特性を示し，**上部臨界磁界** (upper critical field) と呼ばれる H_{c2} になったところまでその状態を保持し続け，上部臨界磁界を超えると完全に超電導状態は壊れて，ついに $B = \mu_0 H$ の状態となる. したがって第 2 種の材料では後述する常電導部分の移動が起こらないときに，上部臨界磁界の大きさまで電気抵抗 0 を保ち，超電導体としての機能を果たすことができる. NbTi においては上部臨界磁界が下部臨界磁界の約 1300 倍の大きさをもっている.

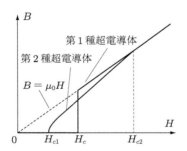

図 **3.3**　超電導体の B-H 特性

　超電導体特有の磁気特性は，図 **3.4** のように磁化としても表現できる. 第 1 種では，臨界磁界まで磁束密度を 0 にするだけの磁界と逆向きの磁化が遮へい電流により生じており，第 2 種も下部臨界磁界までは同じである. しかし，第 2 種においては下部臨界磁界と上部臨界磁界の間で磁化は次第に弱くなり，ついには上部臨界磁界で磁化がなくなる. 下部臨界磁界と上部臨界磁界の間では，材料の一部が常電導に転移しており，外部磁界が部分的に侵入しているのであるが，超電導部分と常電導部分が混在しており**混合状態** (mixed state) と呼ばれる. 上部臨界磁界を超えたところで常電導に転移することになるが，これは第 1 種の臨界磁界に比べてはるかに大きな値となっており，超電導材料としての実用性がここから生まれている. 第

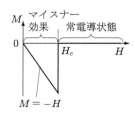

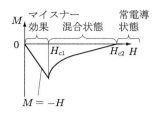

(a) 第 1 種超電導体　　　　　(b) 第 2 種超電導体

図 3.4　超電導体の磁化

1 種超電導体としては，元素単体の材料があり，臨界磁界と臨界電流密度が小さい
ために電力や磁石の分野への応用には向かないが，デバイスとしての応用はある．
一方，第 2 種には電力，磁石，およびデバイスへの幅広い応用がある．

　ちなみに，臨界磁界は温度によっても変わるが，約 4 K において第 1 種の材料で
ある Pb は $\mu_0 H_c = 0.06$ T，第 2 種の Nb_3Sn では $\mu_0 H_{c2} = 28$ T という値をもっ
ている．この数値からわかるようにマイスナー効果は弱い磁界の下で観測される現
象であるので，生じる応力も小さい．したがって，先に述べた永久磁石と超電導体
の間に作用する反発力は弱いものとなる．

　図 3.5 は超電導体を達成する三つの条件，すなわちすでに述べた温度と磁界の強
さに，電流密度が加わり，それぞれの値の上限として，臨界温度，臨界磁界，および
臨界電流密度 (critical current density) によって決定される関係を示すもので，陰
をつけた領域内が超電導を示し，境界面を**臨界面** (critical surface) という．超電導
体を実際に使用する場合は，臨界温度よりも低い温度に保つ必要があることはもち
ろんであるが，実際には $0.5\,T_c \sim 0.7\,T_c$ 程度の温度が適当であるとされている．

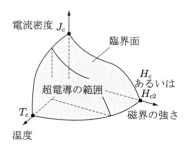

図 3.5　超電導を達成する条件

第 2 種の超電導体の混合状態では，図 **3.6** のように外部磁界による磁束が，ある決まった微小な磁束量 $\Phi_0 = 2.07 \times 10^{-15}$ Wb を単位として，エネルギー的に最も安定な三角格子 (triangular lattice) を形成した規則的な形で貫通する．すなわち磁束は量子化されており，これを**磁束量子**あるいは**量子化磁束** (fluxoid) と呼ぶ．また，常電導状態の部分を貫く磁束量子と対の形で，この磁束線を右ねじ向きに流れて取り囲む，**超電流** (supercurrent) あるいは**超電導電流**と呼ばれる渦状の電流が伴っており，この電流がつくる磁界同士が反発力を生じて三角格子が形成され，その結果として超電導部分の領域が確保される．したがって，電流としては超電導体の表面に流れる遮へい電流に加えて，超電導体の内部における超電流が加わることになる．外部磁界が強くなれば，その分だけ常電導部と磁束量子が増えることになり，それと同時に超電導部分の存在は維持されているところに特徴がある．第 1 種の超電導体においては，ほんの一部でも常電導に転移すると，それはたちまち全体に広がって超電導は失われてしまうので，臨界磁界は低くなる傾向をもつことになる．

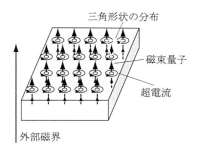

図 **3.6**　第 2 種超電導体の混合状態における磁束量子

例題 **3.1**　ある第 2 種超電導体が混合状態にあるとして，その磁束密度が $B = 0.5$ T であるとする．磁束量子の 1 cm^2 当りの本数を求めよ．

［解］　超電導体の磁束密度が増加するにしたがって，磁束量子の発生密度が増加することになる．磁束量子の磁束量は $\Phi_0 = 2.07 \times 10^{-15}$ Wb であるから，1 cm^2 当りの本数を N とおけば

$$N = \frac{0.5}{2.07 \times 10^{-15}} \times 10^{-4} = 2.42 \times 10^{10}$$

を得る．

3.3　第 2 種超電導体のピン止め

　超電導体の用途として電流を流す応用があり，超電導線材による電磁石はその一例である．外部磁界による貫通磁束が存在する第 2 種の超電導体で，図 **3.7** のように超電導体を通して電流を流したとしよう．するとこの電流のつくる磁界と磁束量子の間にローレンツ力が作用して，磁束量子は力を受ける．そこで，もし磁束量子が動いてしまえば起電力が生じることによってエネルギーを失うが，それはすなわち電気抵抗の発生を意味する．これは磁束 (magnetic flux) が動く現象であることからフラックスフローあるいは磁束流 (flux flow) と呼ばれるが，さらに電気抵抗が生じることは熱を発生させることになるので，超電導状態が壊れて常電導への転移を起こしてしまうことになる．したがって，磁界あるいは電流のいずれかが大きい場合には，超電導状態を維持するためにフラックスフローを抑制することが必要となる．

　第 2 種の材料でもごく一部のものは容易にフラックスフローが生じて下部臨界磁界で超電導状態が壊れるが，多くの材料は次に述べるフラックスフローの動きを妨げる不純物や格子欠陥をもつ．高い臨界電流密度をもたせるためにはフラックスフローの抑制が必要となる．

　フラックスフローを防ぐために，超電導体内部に不純物の混入や結晶の欠陥部分をつくって，故意に超電導になり難い部分をつくるが，これをピン止め中心 (pinning center) あるいはピン止め点と呼ぶ (図 **3.8**)．材料内部にピン止め中心が存在すると，常電導状態のピン止め中心に侵入した磁束が移動しようとした場合，超電導部分を壊すエネルギーが必要となるので，結局は磁束がピン止め中心に捕捉されてしまう．すなわち，磁束量子はあたかも壁にピンで留めたかのようになって磁化を生

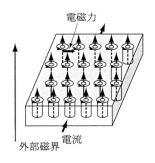

図 **3.7**　第 2 種超電導体への通電

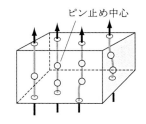

図 **3.8**　磁束量子のピン止め

じた状態に等価となるが，この現象をピン止め (flux pinning) と呼び，磁束量子の動きを妨げる力となるのでこの力をピン止め力 (pinning force) という．材料の欠陥部分はもともと超電導状態ではないので，磁束量子がピン止め点に位置すれば，ポテンシャルエネルギーの低い安定な状態となるのである．

高磁界下でも高電流密度の材料が得られるように，一般に超電導体内部にピン止め点を分布させる方法が採られる．たとえば，同じ Nb_3Sn の超電導体でも，製造法によってピン止め力に差が生じ，したがって臨界電流値が異なる値をもつ．超電導を達成する条件として，温度，磁界の強さ，および電流密度があることを述べたが，温度と磁界の強さは物質によって決定される一方で，電流密度は製造の方法に大きく左右されることになる．ところで，ピン止め力は混合状態で生じる現象であり，そのときの磁界の強さはマイスナー効果の生じる強さに比べてはるかに大きいことはもちろんである．ゆえに磁界のつくる応力の大きさに関して，ピン止めがつくるものはマイスナー効果において生じる応力よりはるかに大きいといえる．さらに，磁束がピン止めされるので，力学系として安定な状態を得ることにもなる．

3.4 バルク超電導体とピン止め

超電導体には線材以外にバルク形状での使用があるが，磁石や磁気遮へいなどとして用いられる (図 **3.9**)．超電導状態においては 3.5 節で述べる磁束跳躍という不安定性があり，高温超電導体が登場するまではバルク形状での不安定性は避けられなかったが，高温超電導体の比熱が高いことと臨界温度の余裕から実現が可能となった．外部磁界を取り除いたときに，ピン止め点に捕捉された磁束による磁束密度が高いほど，強力な磁石として利用可能であることになる．バルクとして優れた特性をもつ材料としては，イットリウム系 (Y 系) とネオジウム系 (Nd 系) がある．ピン止めに捕捉された磁束の効果により，図 **3.10** のように非接触で永久磁石を空中で引っ張って浮かせることもできる．

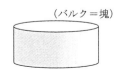

図 **3.9** バルク超電導体

図 **3.10** ピン止め力による浮上

　バルク材料にピン止め点を高密度でつくると，超電導体の磁気特性を大きく変え
て磁気的なヒステリシス特性を示すようになる．ピン止め点のない第 2 種の超電導
体では，図 3.4 のような磁気特性を示したが，ピン止め点が高密度に存在するバル
ク材料では図 **3.11** のようにヒステリシス特性をもつことになる．図 3.4 の特性は
図 3.11 の 4 象限の部分に相当する．

　図では，磁界の強さを増加するときを黒い矢印で，逆を白抜きの矢印で示してい
る．超電導体が磁化していない図の原点の状態から磁界を増加させていくと a 点に
至り，次いで反磁性が弱まりつつ b 点に至る．この点までは反磁性を示しており，
たとえば外部磁界の増減をつくるのに，永久磁石を近づけたり遠ざけたりすること
で実現しているとすれば，磁石には反発力が働く．次に磁界を減少させ始めると，c
点で磁化はなくなり，さらに弱くすると磁化の方向がそれまでとは逆になる．これ
は，超電導体が反磁性ではなくなり，仮に永久磁石で磁界をつくっている場合には
吸引力を受けることを意味する．そして最後に磁界を 0 にすると，d 点で示す磁化
が残る．すなわち，磁石で磁界をつくっている場合でいえば，磁石を取り去ってし
まうと，d 点に相当する磁化が超電導体にできて，ピン止め効果により超電導体が
永久磁石のように着磁した状態となる．

　全体的な性質としては，原点から c 点に至るまでは強い反磁性，c 点から d 点ま
では強磁性を示しているとみることができる．

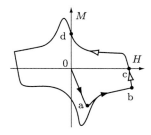

図 **3.11**　高密度のピン止めをもつ第 2 種超電導体の磁化特性

　さて，バルク超電導体の磁石としての性能であるが，Y 系のバルク材料について
は，77 K において材料に捕捉される磁束密度は約 1 〜 1.5 T，67 K では約 3.5 T
にもなる．バルク超電導体は，非常に大きな磁気エネルギーをもつので，小型の装
置をつくるのにも適している．

　ピン止め点に磁束を捕捉させることは，永久磁石の用語でいえば着磁を行うこと

である．永久磁石と違ってバルク超電導体は常温になるたびに磁化は失われるので，その都度着磁が必要となる．着磁には次の方法がある．

（ⅰ）　**磁界中冷却** (field-cooled magnetization)

（ⅱ）　**ゼロ磁界中冷却** (zero-field cooled magnetization)

磁界中冷却は磁界を印加した状態で温度を臨界値以下に下げ，着磁ができたところで外部磁界を取り除く方法である．この方法は材料のもつ着磁の可能性を最大限に活かすことができるが，十分な磁界を発生させるための大がかりな装置が必要となるという欠点がある．一方，ゼロ磁界中冷却はまず外部磁界のない状態で冷却して超電導状態にするが，この方法を採ればピン止め力により磁束の侵入を妨げる作用が強いので，着磁のための十分な磁界を発生させるためには大きな電流が必要となる．そこで，着磁コイルの熱的問題を避けるために短時間の電流，すなわちパルス状の大電流を流して着磁を行う方法が採られる．

3.4.1　ピン止め力の応用例

超電導体への貫通磁束の分布を保とうとする性質をもつピン止め力は，超電導体に相対して配置される永久磁石との位置関係を保持する力としても利用可能である．図 **3.12** (a) の場合の永久磁石配列を交番磁極配置，同図 (b) の場合を一様同磁極配置と呼べば，まず高さ方向についてはいずれの場合も，位置が変わろうとすれば超電導体から見て貫通磁束が変化するので，復元力が働くことになり，浮上高さの保たれた浮上が可能となる．横方向の移動については，交番磁極配置の場合，超電導体が移動しようとすれば超電導体への貫通磁束分布が敏感に変わることを意味するので，磁束分布を変えまいとする力が働いて，横方向の可動量は制限される．一方，一様同磁極配置の場合は，移動しても貫通磁束分布がほとんど変わらないので，磁極配置が存在する範囲において容易に移動できる．

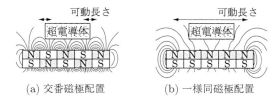

(a) 交番磁極配置　　　(b) 一様同磁極配置

図 **3.12**　ピン止めを用いたバルク超電導体の磁極配置法による可動長さの変化

3.5　超電導コイルの安定化　●━━━━━━━━━━━━

　超電導体を，外部磁界あるいは超電導体の電流自身のつくる磁界に対して，より安定とするためにいくつかの工夫がなされる．何らかの原因で磁束線が移動すればジュール損が発生して温度が上昇し，ピン止め力を弱めることになるので磁束量子の移動を容易にし，結局なだれ状に温度上昇が起こって常電導に転移する．これを**磁束跳躍** (flux jump) というが，この不安定性を抑えるためには

（ⅰ）　**動的安定化** (dynamic stabilization)

（ⅱ）　**断熱的安定化** (adiabatic stabilization)

の二つの方法が採られる．

　動的安定化は電気抵抗の低いたとえば銅を母材として超電導体を埋め込んで，図**3.13** (a) のように複合構造とするものである．超電導体は常電導に転移してしまえば，むしろ銅などの電気抵抗の方がはるかに小さい．そこで，超電導体の一部が何らかの原因で常電導転移を起こしたときには，一時的に母材のほうに電流をバイパスさせて，超電導体の回復を図る方法である．断熱的安定化は，超電導体への磁界侵入深さが熱発生の増大につながることから，超電導体を断面積の小さい細線に加工して，多フィラメント形にする方法である．さらに，フィラメント間の磁気的な結合を弱めるために，図**3.13** (b) に示すようにねじりが施される．

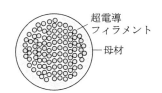

(a) 超電導線の多フィラメント構造　　　(b) フィラメントのねじれ

図 **3.13**　超電導の安定化

　このような超電導コイルを交流用として用いると，超電導体の磁気的なヒステリシス特性によるヒステリシス損失と，母材を介してフィラメント間に流れる電流による，いわゆる結合損失を生じる．ヒステリシス損はフィラメントの断面の大きさに比例する特性をもつので，直流の場合よりさらにフィラメントの径を小さくする．また，結合損失を小さくするためにはねじれのピッチをさらに小さくしないといけないが，その代わりに母材として銅ではなく，抵抗率の大きいキュプロニッケル (Cu-Ni) などの合金を用いる．

　酸化物超電導体は金属系超電導体に比べて直流と交流の両方においてより安定である．特に，交流の用途については，フィラメント間の結合損失，母材に生じるうず電流損失，および磁束密度の増減によるヒステリシス損失が小さくなるために，熱発生が低下する．高温超電導線材として代表的なものは，イットリウム系，ビスマス系，およびタリウム系がある．タリウム系には毒性があるという欠点がある．線材化の点ではビスマス系が適しており，バルクへの応用ではイットリウム系が適している．酸化物超電導体の線材化に当って問題となるのは，セラミクスとしてのもろさの克服がある．そこで，ビスマス系については，それを構成するフィラメントを細くすることで，繰り返しの曲げに耐えられるようにして多芯とし，マンガンなどにより合金化して強度を増した銀の中に埋め込んだ形として用いる．

演 習 問 題

[問題 3.1]　第 1 種超電導体と第 2 種超電導体について，B と H の関係を表すグラフとともに，電気抵抗の変化も加えて両者の違いを述べよ．

[問題 3.2]　超電導体を線材に加工して超電導コイルとすることにより，強力な磁界を発生させることができる．ある磁気浮上車両に実際に使われている超電導コイルの，巻数 N と電流 I を乗じた起磁力 NI が 700 kA，長さが 0.963 m，幅は 0.5 m であるとする．この起磁力を仮に通常の銅線でつくるものとすれば，温度上昇を考慮して電流密度は約 3×10^6 A/m^2 程度以下 (電流密度の目安については第 4 章を参照) に抑える必要があるが，コイルの断面積と消費電力を概算せよ．ただし，銅線の抵抗率は 70°C における値とし，$\rho = 2.06 \times 10^{-8}$ Ωm を用いなさい．

第**4**章

電磁エネルギーの変換と電磁力

　電磁界での力は，電界による力と磁界による力に分類されることはすでに述べたとおりであるが，発生した力によって系が力学的な仕事をしたとすれば，それは電磁界のエネルギーの一部が力学的エネルギーに変換されたことを意味する．エネルギーとは仕事を行うことのできる「源」のようなものであり，電磁界に関するエネルギーの定義は電磁界のつくる力との関係の表現につながる．本章では，電界や磁界のエネルギーの表現と，それに力学系を含めた相互のエネルギーのやりとりについて考察し，電界あるいは磁界を利用したエネルギー変換装置の電磁力の一般式を，それぞれの基本モデルを設定して導出し，アクチュエータのスケーリング則についても議論する．

　さて，電界や磁界が存在すれば，存在しない場合とは違ったそれ相当のエネルギーがあるということは異論のはさみようのないことであるが，これをどのように定義すればいいかをまず考えてみよう．

　身近な力学の話として，たとえば 30 kg の質量の塊があったとして，これを部屋の床から 1 m の高さにある台に載せたとしよう．この塊はどれだけのエネルギーをもったといえるか．運動エネルギーが 0 であることは当然であるが，重力に関するポテンシャルエネルギーはどう計算すればいいかという問題である．ポテンシャルエネルギーは物体のおいてある高さに比例するが，物体をどの地点まで落下させてエネルギーとして引き出すかという前提条件でも変わることになる．もし床に落とすのであれば，ポテンシャルエネルギーを求める際の高さは 1 m となるので，$mgh \cong 30 \cdot 9.81 = 294$ J となる．このポテンシャルエネルギーは重力 mg に逆らって h の高さまでもち上げた際の仕事に等しく，(力 × 距離) により求められる．電界や磁界に関するポテンシャルエネルギーを定義する際も同様に考えればよい．

4.1 静電エネルギーと力 ●━━━━━━━━━━━━━━

　電荷群がつくる電界のもつエネルギー，すなわち**静電エネルギー** (electrostatic energy) とポテンシャルエネルギーの関係について考えてみよう．まず，分割できないと仮定した一つの電荷の塊が孤立して存在しているものとする．電界をつくっているので確かに静電エネルギーは存在するが，自己エネルギーを引き出して仕事をすることはできない．したがって，ポテンシャルエネルギーを定義するためには，二個以上の塊の電荷が保有する場合を取り上げなければならない．結局，系のもつ静電エネルギーとポテンシャルエネルギーが等しくなるためには，一定の電荷分布について無限個の電荷に分割された極限，つまり連続分布を考えればよいことがわかる．そこで，二つの電荷 q_1 [C] と q_2 [C] が距離 r_{12} [m] だけ隔てて存在する場合のポテンシャルエネルギー，すなわち二つの電荷間につくられる電気力線のもつエネルギーを求めよう．

　図 4.1 に示すように，たとえば電荷 q_1 を任意の場所においたとして，無限遠方に離れている q_2 をクーロン力に逆らって間隔 r_{12} まで近づけるための仕事にポテンシャルエネルギーは等しい．

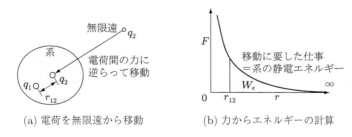

(a) 電荷を無限遠から移動　　(b) 力からエネルギーの計算

図 **4.1**　ポテンシャルエネルギーの計算

　保存力としての電荷間のクーロン力は

$$F = \frac{q_1 q_2}{4\pi\varepsilon_0 r^2} \qquad [\text{N}] \tag{4.1}$$

で与えられるので，その仕事すなわちポテンシャルエネルギー W_e は，

$$W_e = \int_\infty^{r_{12}} F(-dr) = \frac{q_1 q_2}{4\pi\varepsilon_0} \int_{r_{12}}^\infty \frac{1}{r^2}\,dr = \frac{q_1 q_2}{4\pi\varepsilon_0}\left[\frac{1}{r}\right]_\infty^{r_{12}} = \frac{q_1 q_2}{4\pi\varepsilon_0 r_{12}} \tag{4.2}$$

と表される．

　このとき，q_i $(i = 1, 2)$ の電荷の中心から r_{12} だけ離れた場所の電位は，

$$\phi_i(r_{12}) = -\int_\infty^{r_{12}} E_i\,dr = \frac{q_i}{4\pi\varepsilon_0 r_{12}} \qquad [\mathrm{V}]$$

となることから，ポテンシャルエネルギーが

$$W_e = q_1\phi_2 = q_2\phi_1 = \frac{1}{2}(q_1\phi_2 + q_2\phi_1) \qquad [\mathrm{J}] \qquad (4.3)$$

と書けるが，ここで係数 1/2 が付いたことに注意しよう．三個の電荷 q_1 [C]，q_2 [C]，q_3 [C] の場合，おのおのがある距離を隔てて存在する場合のポテンシャルエネルギーは，同様にして無限遠方から互いに作用する力に逆らって電荷をもってくる仕事に等しく

$$W_e = \frac{1}{2}(q_1\phi_{23} + q_2\phi_{31} + q_3\phi_{12}) \qquad [\mathrm{J}]$$

を得る．

　ただし，電位 ϕ_{23} は電荷 q_2 と q_3 が q_1 の場所につくる電位であり，他も同様である．このような計算を進めていけば，n 個の電荷のポテンシャルエネルギーは一般に

$$W_e = \frac{1}{2}\sum_{i=1}^n q_i\phi_i \qquad [\mathrm{J}] \qquad (4.4)$$

と表すことができる．

　式 (4.4) は有限個の点電荷についてのポテンシャルエネルギー，したがって静電エネルギーを表したものであるが，さらにこれを発展させて，空間 V の内部に電荷密度 ρ の連続的分布をもつ場合を考える．このとき，電位分布を ϕ とおけば，系の静電エネルギーは

$$W_e = \frac{1}{2}\int_V \rho\phi\,dv \qquad [\mathrm{J}] \qquad (4.5)$$

となる．適当な式の変形により次式を得る (さらに進んだ議論を参照)．

$$W_e = \frac{\varepsilon_0}{2}\int_V E^2\,dv = \int_V w_e\,dv \qquad [\mathrm{J}] \qquad (4.6)$$

　ただし，w_e は静電エネルギー密度を表しており

$$w_e = \frac{1}{2}\boldsymbol{D}\cdot\boldsymbol{E} = \frac{1}{2}\varepsilon_0 E^2 \qquad [\mathrm{J/m^3}] \qquad (4.7)$$

である．この式は空気中において一定の連続的な電荷分布を形成するために必要な仕事として得られたのであるが，電界 $\boldsymbol{E}$ が存在するところにはその強さに応じたエネルギー密度 w_e が内在していることを示した式である．

さらに進んだ議論

静電エネルギーの式の誘導を行う．マクスウェルの方程式より，$\rho = \varepsilon_0 \operatorname{div} \boldsymbol{E}$ を用いると

$$W_e = \frac{1}{2} \int_{\mathrm{V}} \rho\phi \, dv = \frac{1}{2} \int_{\mathrm{V}} \phi\varepsilon_0 \operatorname{div} \boldsymbol{E} \, dv$$

を得るが，ベクトル公式より

$$\operatorname{div}(\phi\boldsymbol{E}) = \operatorname{grad}\phi \cdot \boldsymbol{E} + \phi \operatorname{div} \boldsymbol{E}$$

を用いて

$$W_e = \frac{\varepsilon_0}{2} \int_{\mathrm{V}} \operatorname{div}(\phi\boldsymbol{E}) \, dv - \frac{\varepsilon_0}{2} \int_{\mathrm{V}} \operatorname{grad}\phi \cdot \boldsymbol{E} \, dv$$

$$= \frac{\varepsilon_0}{2} \int_{\mathrm{S}} \phi\boldsymbol{E} \cdot \boldsymbol{n} \, dS + \frac{\varepsilon_0}{2} \int_{\mathrm{V}} \boldsymbol{E}^2 \, dv$$

ここで，$\boldsymbol{E} = -\operatorname{grad}\phi$ を用いた．V はエネルギーを考える体積領域，S はその表面領域を示す．

この式において，エネルギーが第 1 項の面積分と第 2 項の体積分の和として表されている．そこで，面積分の領域を無限遠方とすれば，体積分も当然無限遠方までの積分となる．すると，電荷の存在する場所からの距離 r について

$$\phi \propto \frac{1}{r}, \quad E \propto \frac{1}{r^2}, \quad \int_{\mathrm{S}} dS \propto r^2$$

が成り立つので，第 1 項は無限遠方までの積分を行うと消えてしまう．ゆえに

$$W_e = \frac{\varepsilon_0}{2} \int_{\mathrm{V}} \boldsymbol{E}^2 \, dv$$

を得る．

ただし，V は全空間を示す．

4.1.1 孤立した系の静電力

静電エネルギー密度の式は，マクスウェルの応力の式とまったく同じ形であることに気づく．静電エネルギーと応力の関係についてさらにくわしく検討を行うために，静電力を用いたアクチュエータの基本モデルとして図 **4.2** のような平行平板空気コンデンサを考えて話を進めよう．極板の面積と間隔をそれぞれ S [m^2]，x [m] とし，コンデンサが極板に電荷を蓄えているとすれば，極板間には電界が生じて静電エネルギーが存在することになる．

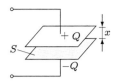

図 **4.2**　空気コンデンサ

フリンジングを無視して電界は極板間で一様に生じているとすれば，その体積が Sx で表されるので静電エネルギーは

$$W_e = w \cdot Sx = \frac{\varepsilon_0}{2}E^2 \cdot Sx = \frac{1}{2} \cdot \varepsilon_0 ES \cdot Ex = \frac{1}{2}QV \tag{4.8}$$

となって，エネルギー密度の式とよく知られたコンデンサの式との関係が得られる．ここで，$\varepsilon_0 ES = DS = Q$ の関係を用いた．この系における極板間の力を，エネルギーとの関係から次に導いてみよう．電界によって生じる力を**静電力** (electrostatic force) と呼ぶが，静電力 f により極板間の距離が dx だけ増加したとすれば，力学的な仕事 $f \cdot dx$ を系が行ったことになる．また，これは孤立した系であるので，仕事をすればその分だけ蓄積エネルギーは減少する．すなわち，系の静電エネルギーの減少が仕事に等しく次式を得る．

$$f \cdot dx = -dW_e(x) \tag{4.9}$$

したがって力は

$$f = -\frac{dW_e}{dx} \tag{4.10}$$

により求められる．つまり，静電エネルギーと静電力の関係を表す公式を導いたことになるが，コンデンサの形状をもたなくても，静電力を利用した素子あるいはアクチュエータに一般的に適用できる公式である．

この公式を用いてコンデンサ極板間の静電力を計算してみれば次式を得る．

$$f = -\frac{d}{dx}\left(\frac{\varepsilon_0 E^2}{2}Sx\right) = -\frac{\varepsilon_0 E^2}{2}S = -p_l \cdot S \qquad [\mathrm{N}] \tag{4.11}$$

ただし

$$p_l = \frac{\varepsilon_0 E^2}{2} \qquad [\mathrm{N/m^2}]$$

すなわち，マクスウェルの応力の式 p_l が導かれた．

4.1.2　電源に接続された系の静電力

前節の孤立している系から発展させ，図 **4.3** のようにエネルギー変換素子が電源に接続されてエネルギーの授受がある系について考える．ここではより一般的な結果を導くために，系の蓄積電荷量 Q と電位差 V の関係は同図に示すように静電容量が電圧の関数 $C(V)$ となる非線形な材料を仮定し，さらに極板が自由に動けるように十分に柔らかく力学的特性は無視できるような材料であるものとする．そこで，系の発生する力と外力がつりあいながら状態が遷移する準静的な変化を考え，状態の変化には有限の時間を要するものとし，微小時間 dt の間に起こる変化について定式化してみよう．議論に当って，素子に生じる損失は系から除外し，保存系 (conservative system) の部分について考える．

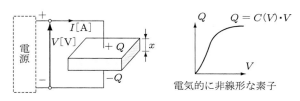

図 4.3　電源からエネルギーを受ける系 (保存系)

系の蓄積エネルギーを表す静電エネルギーの変化分 dW_e は，外部から入ってきた電気的エネルギー $d'W_{\mathrm{elec}}$ と外部から成された仕事 $d'W_{\mathrm{ex,work}}$ の和に等しいことは明らかであり，したがって次の保存則がまず成り立つ．

$$dW_e = d'W_{\mathrm{elec}} + d'W_{\mathrm{ex,work}} \tag{4.12}$$

ここで，W_e は状態量 (state variable) であるが，W_{elec} と $W_{\mathrm{ex,work}}$ は系への入力の大きさを表現するものであり，それらの微小量は微小変化量ではなく単なる微小な入力量でしかないので，微小量の記号として d' を用いている．

ここで，外力が系になした仕事 (work done on the system) $d'W_{\mathrm{ex,work}}$ と系が行った仕事 (work done by the system) $d'W_{\mathrm{mech}}$ の違いについて述べておく．図 **4.4** (a) の場合，極板間の距離 x が小さくなる方向に力が発生するが，x が増大する方向を力の正の向きとするのが通常である．そこで，発生力と逆向きに同じ大きさの外力 f_{ex} が図のようにかけられて準静的に状態を変えるものとしよう．極板間の吸引力と外力は等しいので，$f < 0$ に注意して

$$f = -f_{\mathrm{ex}}$$

外力に押されて dl だけ上の極板が移動したとすれば，外力のなした仕事 $d'W_{\mathrm{ex,work}}$ は

$$d'W_{\mathrm{ex,work}} = f_{\mathrm{ex}} dl$$

と書ける．変位 dl は極板間の距離の増加を意味するので $dl = dx$ となり，外力のなした仕事 (同図 (b)) として

$$d'W_{\mathrm{ex,work}} = -f\,dx \tag{4.13}$$

を得る．

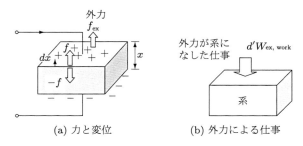

(a) 力と変位　　　　(b) 外力による仕事

図 **4.4**　系の行う仕事と外力が系になした仕事

一方，系の行った仕事は

$$d'W_{\mathrm{mech}} = f\,dx$$

と表される．このように，外力のなした仕事と系の行った仕事は，その仕事の向きの関係で互いに逆符号となる．この段階で次式を得る．

$$dW_e = d'W_{\mathrm{elec}} - f\,dx \tag{4.14}$$

ここで，蓄積される電荷 Q の時間的な変化率が電流 I であることと，電源からもらうエネルギー $d'W_{\mathrm{elec}}$ は，電源電圧 V [V] と電流 I [A] の積に，時間 dt を乗じることで得られるので

$$d'W_{\mathrm{elec}} = VI\,dt = V\frac{dQ}{dt}\,dt = V\,dQ$$

と書ける．このエネルギーは電荷 dQ [C] を電位差 V [V] だけ高い電位の点まで移動させるのに必要なエネルギーである．以上により，熱力学の第 1 法則に相当する，電気的エネルギーと力学的エネルギーの変換に関する重要なエネルギー保存則として次式を得る．

$$dW_e = V\,dQ - f\,dx \tag{4.15}$$

　図 4.5 は式 (4.15) を電気的エネルギーと力学的エネルギーの相互変換として概念的に表現したものである．同図 (a) は，電源からの電荷の流れしたがって電気的エネルギーの流入および系の行う仕事との関係を示している．つまり，電気的エネルギーを力学的エネルギーに変換するに当って，電界が仲介役を務めている状況が表されている．同図 (b) は逆の流れである．

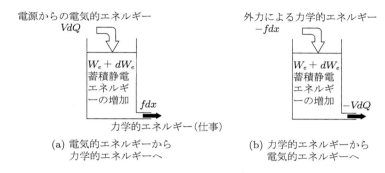

　　　電源からの電気的エネルギー　　　　　　　　外力による力学的エネルギー
　　　　　　　VdQ　　　　　　　　　　　　　　　　　$-fdx$

　　　　　　$W_e + dW_e$　　　　　　　　　　　　$W_e + dW_e$
　　　　　　蓄積静電　　　　　　　　　　　　　蓄積静電
　　　　　　エネルギ　　　　　　　　　　　　　エネルギ
　　　　　　ーの増加　　fdx　　　　　　　　ーの増加　　$-VdQ$

　　　　　力学的エネルギー(仕事)

　　　(a) 電気的エネルギーから　　　　　　　(b) 力学的エネルギーから
　　　　　力学的エネルギーへ　　　　　　　　　　電気的エネルギーへ

図 **4.5**　電界を仲介とするエネルギー変換

（参考）　熱力学の第 1 法則との双対性

　内部エネルギーを U，温度 T，エントロピー S，圧力 p，体積 V と置いたときに，内部エネルギーの変化分 dU は，系が与えられる熱量 $T\,dS$ から，系の行った力学的仕事 $p\,dV$ を差し引いたもので，

$$dU = TdS - pdV$$

とかけた．これは，熱と仕事の等価性について記述するものであるが，$dW_e = V\,dQ - f\,dx$ を対応させてみると，物理的に双対の関係になっていることが分かる．つまり，電気的エネルギーと仕事の相互変換を記述し，静電エネルギー W_e は熱力学での内部エネルギー U に相当するものになっていることが分かる．

　式 (4.15) の両辺を時間 dt で除してパワーの保存則として表現すれば，速度を $v = dx/dt$ とおいて次式を得る．

$$\frac{dW_e}{dt} = V\frac{dQ}{dt} - f\frac{dx}{dt} = VI - fv$$

　つまり，系に蓄えられる静電エネルギーの時間的増加率 dW_e/dt は，電源端子から入力されるパワー VI から力学的パワー fv を差し引いたもので表現されている．静電エネルギー W_e は状態量であることを述べたが，それはさらに状態量である変数 Q と x によっても表されることは明らかである．このような事実から，静電エネ

ルギーは状態関数 (state function) であるという. そこで, W_e の全微分 dW_e は,

$$dW_e = W_e(Q + dQ, \, x + dx) - W_e(Q, x) \tag{4.16}$$

のように与えられることになる. この式の右辺が独立変数である状態変数の微分を含んで

$$dW_e = \frac{\partial W_e}{\partial Q} dQ + \frac{\partial W_e}{\partial x} \, dx \tag{4.17}$$

の形に表現できるときに, 全微分 dW_e が存在するということになる. したがって, 逆にいえば, もしも対象としている変数が状態関数として表されないときは全微分をもたず, 式 (4.17) のようには書けないことになる.

式 (4.15) と式 (4.17) を比較すれば, 静電力 f は静電エネルギーの変位に関する偏微分として表現されて, 式 (4.10) を一般的にした静電力の公式

$$f = -\frac{\partial W_e(Q, x)}{\partial x} \qquad [\mathrm{N}] \tag{4.18}$$

を得る. これは電荷 Q と変位 x を用いて静電エネルギー W_e を表現し, W_e を x についての偏微分, すなわちエネルギーの負の勾配を求めることで静電力が得られることを示している.

ところで, 式 (4.15) によれば力 f の大きさを決定する独立変数は電荷 Q と変位 x とは限らず, 実は電圧 V と変位 x を選んでも良い. その場合の定式化については, 次の例題と後述する磁気エネルギーに関する記述を参照願いたい.

例題 4.1 図 4.6 のように, 内側には回転可能な誘電体と, 外側には固定された四つの電極があり, AA′ 間と BB′ 間に別々の電圧 v_A [V] , v_B [V] が印加される. 静電力を導出して, 静電アクチュエータとして動作するための電源条件の例を示せ. ただし, 電極間の静電容量は AA′ 間と BB′ 間でそれぞれ図中の C_A, C_B のように正弦波状に変化するものとする.

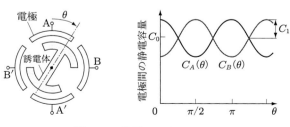

図 4.6　静電アクチュエータ

[解]　固定子側の導体に印加された電圧は回転子に対して電界を生じるが，誘電体ででできた回転子はそのために分極を生じて，固定子のつくる電界と分極した回転子の間に力のモーメントを生じる．そこで，回転運動に関する電磁力の公式を求めておこう．エネルギー保存則 (式 (4.15)) より，ある一定の位置 x において系に蓄えられている静電エネルギーは $dx = 0$ とおいて

$$dW_e = V\,dQ - f\,dx = V\,dQ$$

となるので，電気的特性が線形である場合に次式を得ることができる．

$$W_e = \int V dQ = \int V\,d(CV) = \frac{1}{2}CV^2 \qquad [\mathrm{J}]$$

トルク T [Nm] を求めるにあたって角度変位 θ [rad] を用い，静電エネルギーの式として

$$dW_e = V dQ - T d\theta$$

$$dW_e = \frac{\partial W_e}{\partial Q}dQ + \frac{\partial W_e}{\partial \theta}d\theta$$

が成立するので，独立変数が (Q, θ) の場合のトルクの公式は次式で表される．

$$T = -\frac{\partial W_e(Q, \theta)}{\partial \theta} \qquad [\mathrm{Nm}] \tag{4.19}$$

ここで，**静電随伴エネルギー** (electrostatic coenergy) W_e' (4.4 節参照) を

$$W_e'(V, \theta) = VQ - W_e(Q, \theta) \tag{4.20}$$

と定義して変形すると，独立変数として (V, θ) をとった場合の式として

$$T = \frac{\partial W_e'(V, \theta)}{\partial \theta} \qquad [\mathrm{Nm}] \tag{4.21}$$

を得ることができ，公式として式 (4.19) と式 (4.21) を得た．
　さて，ここでは系が線形であるので次式が成立する．

$$W_e'(V, \theta) = W_e(Q, \theta) = \frac{1}{2}C(\theta)V^2 \tag{4.22}$$

電圧と角度変位が独立変数であるから，トルクは式 (4.21) を用いて

$$T = \frac{\partial W_e'(V, \theta)}{\partial \theta} = \frac{\partial}{\partial \theta}\left(\frac{1}{2}CV^2\right) = \frac{1}{2}V^2\frac{dC}{d\theta} \qquad [\mathrm{Nm}] \tag{4.23}$$

を得る．ここで，静電容量は

$$C_A(\theta) = C_0 + C_1 \cos 2\theta$$

$$C_B(\theta) = C_0 - C_1 \cos 2\theta$$

と表され，トルクの式として

$$T = \frac{1}{2}v_A^2\frac{dC_A}{d\theta} + \frac{1}{2}v_B^2\frac{dC_B}{d\theta} = C_1(v_B^2 - v_A^2)\sin 2\theta$$

を得る．そこで，θ に関して正弦波状の電圧を考え，δ を新たな変数として

$$v_A = V_m \cos(\theta + \delta)$$

$$v_B = V_m \cos\left(\theta + \delta - \frac{\pi}{2}\right)$$

の位相で変化させれば，固定子と回転子間に生じる電界によって有効なトルクをつくることができる．すなわち

$$T = C_1(v_B^2 - v_A^2)\sin 2\theta = C_1 V_m^2 \left\{\cos^2(\theta + \delta) - \cos^2\left(\theta + \delta - \frac{\pi}{2}\right)\right\}\sin 2\theta$$

$$= -C_1 V_m^2 \cos(2\theta + 2\delta)\sin 2\theta = \frac{C_1 V_m^2}{2}\{\sin 2\delta - \sin(4\theta + 4\delta)\}$$

この式で $\sin 2\delta$ が平均値を決めるので，$\delta = \pi/4$ とすれば負の値のトルクになる位置 θ は存在せず，$0 \le T \le C_1 V_m^2$ のトルクを得ることができる．

　上述の電源電圧は角度変位に応じて電圧を変える二相交流電源を意味している．そこで，いま適当な角周波数 ω [rad/s] の電圧を

$$\theta = \omega t$$

として発生させ，負荷トルクの大きさに見合った δ の大きさを選べば，持続的な回転を得ることができる．

4.2　磁気エネルギー ●

　電源電圧 v [V] に抵抗 R [Ω] とインダクタンス L [H] が直列に接続されているものとし，流れる電流を i [A] とおけば次式が成立する．

$$v = Ri + L\frac{di}{dt} = Ri + \frac{d\psi}{dt}$$

ただし，v：電源電圧，i：電流，ψ：L の磁束鎖交数 $(= Li)$．

　電源が供給したエネルギーは，両辺に電流 i [A] を乗じて時間に関して積分すれば次式を得る．

$$W_{\text{elec}} = \int Ri^2\,dt + \int i\,d\psi = \int Ri^2\,dt + \frac{1}{2}Li^2 \qquad \text{[J]} \qquad (4.24)$$

　ここで，右辺第 1 項はジュール損として失われるエネルギーであり，第 2 項は電流のつくっている磁界として蓄えられている磁気エネルギーである．後者を W_m と書けば

$$W_m = \frac{1}{2}Li^2 = \frac{1}{2}\psi i \qquad (4.25)$$

となって，磁束鎖交数 ψ と電流 i の積として表される．

　一般に，n 個の互いに相互誘導のある回路から成る系の磁気エネルギー W_m は

$$W_m = \frac{1}{2} \sum_{i=1}^{n} \sum_{j=1}^{n} L_{ij} i_i i_j = \frac{1}{2} \sum_{i=1}^{n} \Psi_i i_i \qquad [\text{J}] \qquad (4.26)$$

と表される. ただし, L_{ij} の添え字が同じ場合は, 自己インダクタンス, 異なる場合は相互インダクタンスを意味する.

このエネルギーは, 系の占める空気中の領域のすべての点において, 磁界がもつエネルギーの合計をとったものに等しく, その任意の点における密度を w_m とおけば

$$W_m = \int_V w_m dv \qquad (4.27)$$

と表され, ここで透磁率が μ_0 の空間を考えて $B = \mu_0 H$ の関係を用いれば, ある点における磁気エネルギー密度は

$$w_m = \frac{1}{2} B \cdot H = \frac{1}{2} \mu_0 H^2 \qquad [\text{J/m}^3] \qquad (4.28)$$

と導出できる. ここで, 電界のときと同様にエネルギー密度がマクスウェルの応力と同じ形の式となっていることに注意する.

インダクタンスの機能をもたせる素子をリアクトルあるいはインダクターと呼ぶが, 非線形な磁気特性をもつ鉄を含むリアクトルを考え, 図 **4.7** のような鉄心リアクトルついて磁気エネルギーの表現を導いてみよう.

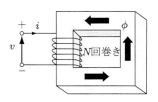

図 **4.7**   リアクトル

電源電圧を印加すると電流が流れ, 電流は磁界をつくるので鉄心は磁化される. 磁束は図中の回路のコイル状になった部分を貫いており, 磁束の量がもし時間的に変化すればコイルに誘導起電力が発生することになる. つまり, インダクタンス成分が現れる. 第 2 章で述べたように鉄心の磁化は鉄心内の大きな磁束密度の発生を意味するので, 磁束の量は鉄心がないときよりもはるかに大きなものになる. 鉄心の非線形特性としてヒステリシスと磁気飽和があることはすでに述べたが, 鉄心のヒステリシスを無視すれば, 磁化曲線は図 **4.8** のように一価関数として表せることになる. いま, コイルの電気抵抗を R とし, 磁束鎖交数が ψ_1 にあるとすれば, 蓄積されている磁気エネルギーは,

$$W_m = \int_0^t (vi - Ri^2)dt = \int_0^t \frac{d\psi}{dt} i \, dt = \int_0^{\psi_1} i \, d\psi \qquad [\mathrm{J}] \qquad (4.29)$$

と表され，これを図示すれば図 4.9 の 0ab の部分で表されることがわかる．

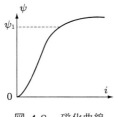

図 4.8   磁化曲線

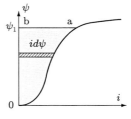

図 4.9   磁気エネルギー

4.3 磁気エネルギーと電磁力の関係 ●━━━━━━━━

　磁界を利用したアクチュータ，モータ，発電機，電磁石などの電磁力発生装置に関する磁気エネルギーと電磁力の関係を考察するために，図 4.10 に示すような磁気浮上系を用いて定式化を行う．まずは 4.1 節で行った議論と同様に，素子で生じるジュール損などの損失は，エネルギー変換に直接的に影響を与えるものではないので，予め系の外に抜き出しているものとして，保存系のエネルギーの関係式を考える．つまり，損失は系における実質的なエネルギーが一定分だけ減少するに過ぎず，損失を除外することは議論の一般性あるいは厳密性を損なうものではない．

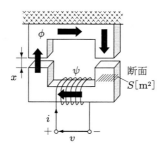

図 4.10   電磁石によるつり下げ (保存系)

　電源から系に入ってきた電気的エネルギー $d'W_{\mathrm{elec}}$ から，系の行った力学的仕事 $d'W_{\mathrm{mech}}$ を差し引いたものは，系のもつ状態量としての磁気エネルギーの増加分 dW_m に等しいという次の保存則が成り立つことは，エネルギーの収支の点で明ら

かである (4.1 節参照).

$$dW_m = d'W_{\mathrm{elec}} - d'W_{\mathrm{mech}} \tag{4.30}$$

　ここで，電源から系に入ってきた電気的エネルギー $d'W_{\mathrm{elec}}$ は，コイルの電気抵抗で消費されるジュール損を差し引いたものであり，それは $d'W_{\mathrm{elec}} = vidt = (d\psi/dt)idt = id\psi$ で表される．また，$d'W_{\mathrm{mech}} = fdx$ であるのでエネルギー保存則として

$$dW_m = i\,d\psi - f\,dx \tag{4.31}$$

を得る．式 (4.31) を電気的エネルギーと力学的エネルギーの相互変換としてイラストに表現すれば図 **4.11** のようになる．すなわち，電気的エネルギー $id\psi$ が磁界の助けを借りて力学的エネルギー fdx に変換され (同図 (a))，他の場合として外力のなした仕事 $-f\,dx$ が磁界の助けを借りて電気的エネルギーに変わることにもなる (同図 (b))．前者は電磁石やモータなどに相当し，後者は発電機に当る．

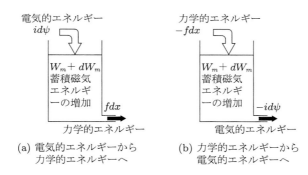

図 **4.11**　磁界を利用したエネルギー変換

4.3.1　電磁力の式の導出

　式 (4.31) によれば電磁力 f は変位 x，電流 i，磁束鎖交数 ψ および磁気エネルギー W_m の関係として表現される．そこで，電磁力 f の式にその四つの変数がすべて必要なのか，つまり四つの変数が独立かどうかをまず調べる必要がある．すると，磁気エネルギー W_m は変位 x，コイルの電流 i，コイルへの磁束鎖交数 ψ によって決まる従属変数であり，さらに電流 i と磁束鎖交数 ψ は互いに独立ではないことがわかる．したがって，独立変数は (ψ, x) あるいは (i, x) の二通りであることがわかる．以下に，この二つの場合について電磁力の式を導いてみよう．

（1） (ψ, x) を独立変数とした場合

　図 **4.12** (a) の磁化曲線において点 a_1 から点 a_2 への移動が起こったとすれば，それは独立変数 (ψ, x) に対する W_m の変化を表す同図 (b) の点 a_1 から点 a_2 への移動として表現できる．つまり，実線の経路をたどって移動しても破線の経路であっても，最終的に同じ値の (ψ, x) であれば，独立変数の性質から磁気エネルギーは同一の値をもつことになる．つまり，磁束鎖交数 ψ と変位 x は系の磁気エネルギーを決める状態変数である．したがって，W_m は (ψ, x) について全微分をもち

$$dW_m(\psi, x) = \frac{\partial W_m(\psi, x)}{\partial \psi}\, d\psi + \frac{\partial W_m(\psi, x)}{\partial x}\, dx \tag{4.32}$$

となる．これをエネルギー保存則の式と比較してみると，電磁力の式として次式を得ることができる．

$$f = -\frac{\partial W_m(\psi, x)}{\partial x} \qquad [\mathrm{N}] \tag{4.33}$$

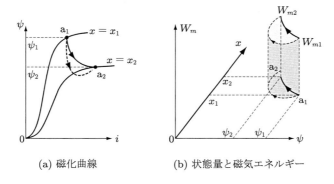

(a) 磁化曲線　　　　　(b) 状態量と磁気エネルギー

図 **4.12**　磁気エネルギーと状態量

（2） (i, x) を独立変数とした場合

　磁気エネルギーを独立変数 (ψ, x) によって表現する式，すなわち

$$dW_m = i\, d\psi - f\, dx$$
$$= \frac{\partial W_m(\psi, x)}{\partial \psi}\, d\psi + \frac{\partial W_n(\psi, x)}{\partial x}\, dx$$

をすでに得ているので，これを独立変数として (i, x) の式に変更，つまり ψ と i を入れ替えればよい．それにはルジャンドル変換 (Legendre transformation) が利用できる．

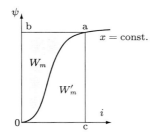

図 **4.13**　磁気随伴エネルギー

　図 **4.13** において，磁気エネルギー dW_m は領域 0ab であるが，領域 0ac を変数 W_m' と定義すれば

$$W_m' = i\psi - W_m \tag{4.34}$$

とおける．この式の微分をとると，

$$dW_m' = \psi\,di + i\,d\psi - dW_m$$

となって，変数 (i, x) を用いた新たなエネルギー保存則として

$$dW_m' = \psi\,di + f\,dx \tag{4.35}$$

を得る．ここで，W_m' の全微分

$$dW_m' = \frac{\partial W_m'(i, x)}{\partial i}\,di + \frac{\partial W_m'(i, x)}{\partial x}\,dx$$

と比較すれば，電磁力の式として次式を得る．

$$f = \frac{\partial W_m'(i, x)}{\partial x} \qquad \text{[N]} \tag{4.36}$$

　独立変数を変換するためにルジャンドル変換で新たに導入した関数 W_m' は，式 (4.35) において変位 x は一定，i.e., $dx = 0$ とおけば，図 4.13 からも明らかであるが

$$W_m' = \int \psi\,di \qquad \text{[J]} \tag{4.37}$$

と表され，**磁気随伴エネルギー** (magnetic coenergy) と呼ばれる．以上，磁気エネルギーおよび磁気随伴エネルギーを用いた二通りの電磁力の公式を導いたが，電磁力を求めるには計算の都合によってどちらを用いても良く，求められる解はもちろん変わらない．

（参考）　ルジャンドル変換

独立変数 x と y の関数 $f(x, y)$ の全微分は次式で表される.

$$df = \frac{\partial f}{\partial x}\,dx + \frac{\partial f}{\partial y}\,dy = u\,dx + v\,dy$$

ただし，$u = \partial f/\partial x$，$v = \partial f/\partial y$ である.

独立変数を (x, y) から (u, y) の表現に，すなわち変数 x を u に書きかえるために，関数 $g = g(u, y)$ を次式で定義する.

$$g = f - ux$$

このとき，

$$dg = d(f - ux) = df - x\,du - u\,dx = -x\,du + v\,dy = \frac{\partial g}{\partial u}\,du + \frac{\partial g}{\partial y}\,dy$$

を得る. すなわち，ルジャンドル変換によって関数 $f(x, y)$ から，独立変数の異なる新しい関数 $g(u, y)$ を構成することができる.

4.3.2　電磁石の電磁力

以上の解析で問題を多少複雑にした要因の一つは電流 i と磁束鎖交数 ψ の関係が非線形，すなわち磁化曲線が直線でなかったことである. これが線形であると近似した場合について考えてみよう. 線形であるとは電磁力装置の可動部分の位置 x が与えられると，電流と磁束鎖交数の関係が図 **4.14** に示すように直線関係となることを意味しており

$$\psi = L(x)\,i \tag{4.38}$$

と表される. $L(x)$ は自己インダクタンスである. 前述の磁気エネルギー W_m と磁気随伴エネルギー W_m' は

$$
\begin{aligned}
W_m = W_m' &= \int \psi di = \frac{1}{2}\psi i \\
&= \frac{1}{2}L(x)\,i^2 = \frac{1}{2}\frac{\psi^2}{L(x)}
\end{aligned}
\tag{4.39}
$$

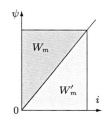

図 **4.14**　線形近似磁化曲線

となるので，式 (4.33) を用いると

$$f = -\frac{\partial W_m(\psi, x)}{\partial x} = -\frac{\partial}{\partial x}\left\{\frac{1}{2}\frac{\psi^2}{L(x)}\right\}$$

$$= \frac{1}{2}\frac{\psi^2}{L^2(x)}\frac{dL(x)}{dx} = \frac{1}{2}i^2\frac{dL(x)}{dx} \tag{4.40}$$

　一方，式 (4.36) を用いると

$$f = \frac{\partial W'_m(i, x)}{\partial x} = \frac{\partial}{\partial x}\left\{\frac{1}{2}L(x)i^2\right\} = \frac{1}{2}i^2\frac{dL(x)}{dx} \tag{4.41}$$

となって，両者の解が一致することも容易に確認できる．

例題 4.2　図 4.15 に示す吸引形磁気浮上系の電磁力を求め，力学系まで含めた系の支配方程式を導け．ただし，電気回路への磁束鎖交数は電流に比例する，すなわち磁気回路が線形とし，磁束はギャップにおいてフリンジングはなく鉄心と同じ断面積を保って一様に流れ，かつ鉄心の比透磁率を μ_r とし，磁路の鉄心部分の長さを l_i とせよ．

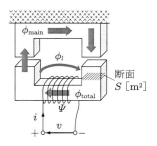

図 4.15　吸引形磁気浮上系

[解]　コイル電流によってつくられる全磁束 ϕ_{total} はすべてが必ずしもギャップを通って流れることはなく，図のように相対する鉄片まで行かずに，途中で漏れてしまう磁束 ϕ_l が存在する．ギャップを通って有効に流れる磁束を主磁束 ϕ_{main} と呼べば，全磁束は主磁束と漏れ磁束の和として

$$\phi_{\text{total}} = \phi_{\text{main}} + \phi_l$$

と書ける．
　主磁束の流れる部分の磁気抵抗は，鉄心の比透磁率が非常に大であるとすれば

$$R_m = \frac{2x}{\mu_0 S} + \frac{l_i}{\mu_0 \mu_r S} \cong \frac{2x}{\mu_0 S} \tag{4.42}$$

となり，したがって主磁束 ϕ_{main} として

$$\phi_{\mathrm{main}} = \frac{Ni}{R_m} = \frac{Ni}{\dfrac{2x}{\mu_0 S} + \dfrac{l_i}{\mu_0 \mu_r S}} \cong \frac{\mu_0 S}{2x} \cdot Ni \quad [\mathrm{Wb}]$$

を得る．ただし，鉄心が磁気飽和を起こしている場合は式 (4.42) の近似はできない．
電気回路への磁束鎖交数 ψ は全磁束にコイルの巻数を乗じて求められ

$$\psi = N(\phi_{\mathrm{main}} + \phi_l) = \frac{\mu_0 S N^2}{2x} i + N\phi_l$$

$$= \{L_{\mathrm{main}}(x) + L_l\} i = L(x)\,i \quad [\mathrm{Wb}] \tag{4.43}$$

となり，電気回路から見た全自己インダクタンス L は L_{main} と L_l の和として表されて
いることがわかる．ここで，L_l は漏れ磁束を表現する自己インダクタンスで，漏れイ
ンダクタンス (leakage inductance) と呼び，ここでは

$$L_l = \frac{N\phi_l}{i}$$

で与えられており，L_{main} は主磁束に対応する自己インダクタンスで

$$L_{\mathrm{main}}(x) = \frac{N\phi_{\mathrm{main}}}{i} = \frac{\mu_0 S N^2}{2x} \quad [\mathrm{H}]$$

と表される．なお，一般にインダクタンス L と磁気抵抗 R_m の間に次式が成り立つ．

$$L(x) = \frac{N^2}{R_m} = N^2 P_m \tag{4.44}$$

ただし，P_m は第 2 章で述べたパーミアンスである．
電磁力を求めると次式となる．

$$f = \frac{1}{2} i^2 \frac{dL(x)}{dx} = -\frac{\mu_0 S N^2}{4x^2} i^2 \quad [\mathrm{N}] \tag{4.45}$$

ここで，負の符号は力がギャップ x を減少させる方向に作用すること，つまり吸引
力が働くことを意味する．吸引力は電流の 2 乗に比例しギャップの逆 2 乗に比例する
ことがわかるが，図 4.16 にグラフを示す．

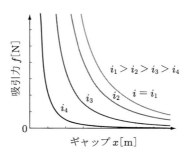

図 4.16　電磁力の変化

さて，つり下げ部の質量を M とし，電磁力の式を用いると力学系の支配方程式は

$$M\frac{d^2 x}{dt^2} + \frac{\mu_0 S N^2}{4x^2} i^2 - Mg = 0 \tag{4.46}$$

となる．また，電気系の方程式は次式となる．

$$v = Ri + \frac{d}{dt} \left[\{ L_{\mathrm{main}}(x) + L_l \} i \right] \tag{4.47}$$

以上のことから，漏れインダクタンスは電磁力には寄与せず，電気回路の応答を遅くすることにしかならないこともわかる．したがって，漏れ磁束が小さくなるように電磁石は設計することが求められる．

例題 4.3　例題 4.2 のモデルで，マクスウェルの応力を用いて吸引力の式を導き，すでに示した式と同じになることを確かめよ．

[解]　ギャップ部分の磁束密度を B_{gap} とおけば，それは主磁束を磁束の断面積 S で除して得られ

$$\frac{\phi_{\mathrm{main}}}{S} = \frac{L_{\mathrm{main}}(x)\, i}{SN} = \frac{\mu_0 N i}{2x} \qquad [\mathrm{T}]$$

となる．ギャップの全面積は $2S\ [\mathrm{m}^2]$ であるので，吸引力を f_{attr} とおけば，

$$f_{\mathrm{attr}} = \frac{B_{\mathrm{gap}}^2}{2\mu_0} \cdot 2S = \frac{B_{\mathrm{gap}}^2 S}{\mu_0} = \frac{\mu_0 S N^2 i^2}{4x^2} \qquad [\mathrm{N}]$$

したがって，同一の解を得ることができた．

4.4　電磁アクチュエータのスケーリング ●━━━━━━

　通常のスケールのアクチュエータを仮定すれば，電界を用いた場合は電界の強さが絶縁破壊の理由から制限されるために十分な応力は得られず，したがって磁界を用いたアクチュエータが一般に用いられる．しかし，サイズが小さくなると電界を用いたアクチュエータが逆に有利となってくる．サイズが mm あるいは μm オーダー以下のアクチュエータはマイクロアクチュエータ (micro-actuator) と呼ばれるが，それを用いたシステムをマイクロマシン (micro-machine)，そして半導体製造技術を応用して作製されるマイクロマシンを特に **MEMS** (micro electro-mechanical systems) と呼ぶ．

　マイクロマシンはエネルギー消費が小さく，使用される材料も少なくなるという長所をもつが，ミクロなスケールでは物理的な状況が異なってくる．ここでは，絶縁破壊，そして静電アクチュエータおよび磁気アクチュエータのサイズを縮小した場合のスケールに関する依存性を述べ，最後にミクロなスケールでの力学的な問題について簡単に述べる．

4.4.1　パッシェンの法則

　マイクロマシンのアクチュエータには磁界ではなく，電界を利用したものが適している
ているが，それはサイズが小さくなるにしたがってエネルギー密度の点で磁界を用いたアクチュエータの優位性が目立たなくなることによる．ここでは，まず静電アクチュエータの発生応力を制限する空気の**絶縁破壊** (dielectric breakdown) について述べる．

　平行な平板電極間に電圧を印加したとき，電極の材料の仕事関数に相当する一定の強さの電界に達すると，電子がごくわずかに放出され，これを**電界放出** (field emission) と呼ぶが，もしそれらの電子が十分なエネルギーを得ていれば，気体の分子に衝突することで気体分子は正と負のイオンに分離 (= **電離**, ionization) する．

　さらに，電離した正のイオンが陰極側に引き寄せられて衝突し，その結果として電極において電子が放出されるときに，これらの発生する電子が消失する電子の数よりも大きくなる条件が整えば，電子の数はなだれ的に増加し大きな電流が流れることになる．これを**火花放電** (spark discharge) というが，放電開始電圧 V_s は電極間の気体の圧力 p とギャップ d の積に依存し，その関係 $V_s = f(pd)$ を表したものを**パッシェンの法則** (Paschen's law) と呼ぶ．

　ここでは 1 気圧の空気を仮定して p は一定とし，したがってグラフの横軸を pd ではなく d として議論する．ギャップが mm オーダーの場合と μm オーダーの場合ではグラフの形状が異なるが，まず mm オーダーの場合は放電開始電圧がギャップに対して線形となり，ギャップ d [m] を用いて

$$V_s = 3 \times 10^6 d + 1350 \qquad [\text{V}] \tag{4.48}$$

の実験式で与えられる (図 **4.17** (a))．電界の強さは，一様な電界を仮定すれば電圧の大きさをギャップ長で割ればよいので，放電開始の電界の強さとして書けば，

$$E_s = 3 \times 10^6 + \frac{1350}{d} \qquad [\text{V/m}] \tag{4.49}$$

となるが，右辺第 2 項は第 1 項に比べてきわめて小さい．したがって，mm オーダーのギャップ長においては，空気の絶縁破壊が起こる電界の強さが最小値として 3×10^6 V/m ($= 3$ MV/m) をもち，小さなギャップでは若干大きくなるような傾向をもつ (図 **4.18** (a))．一方で，ギャップがきわめて小さく μm オーダーにおける放電開始電圧は図 4.17 (b) のようになり，この領域の実験式は次式となる．

$$V_s = \frac{2.77 \times 10^7 d}{1.18 + \log(7.60 \times 10^4 d)} \qquad [\text{V}] \tag{4.50}$$

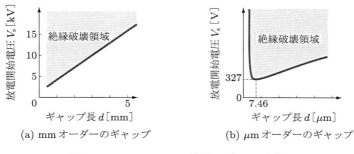

図 **4.17** パッシェンの法則 (1 気圧の空気)

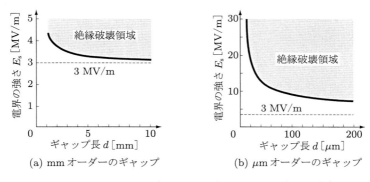

図 **4.18** パッシェンの法則による電界の限界 (1 気圧の空気)

　絶縁破壊電圧の最小値は，実験値ではギャップが 7.46 μm のとき 327 V である．したがって，家庭の電源は 100 V であるから絶縁破壊の危険性はないといえるが，逆に絶縁破壊を生じたとすれば電圧が 327 V 以上の値になっているといえるであろう．なお，式 (4.48) と式 (4.50) の絶縁破壊電圧がほぼ等しくなる中間点のギャップ長は約 0.5 mm である．式 (4.50) を基にギャップ長が約 200 μm 以下の領域で電界の強さを計算して表示したのが図 4.18 (b) である．ギャップが小さい領域では，mm オーダーのギャップの場合に比べて電界の強さははるかに大きな値に設定できることがわかる．すなわち，μm オーダーのギャップでは電界の強さが大きくできるので，電界のつくる応力あるいはエネルギー密度はギャップが小さくなるほど大きくできて，電界を利用したアクチュエータの利用価値が出てくることになる．

　なお，以上ではパッシェンの法則をギャップの大きさのみで議論したが，横軸を気体の圧力とギャップの積 pd として眺めると，圧力を可変とすることはギャップを可変とすることと等価である．したがって静電アクチュエータのギャップ部分の

気圧を可変とすることは絶縁破壊電圧を高める手段として用いることもできる。また，気体の種類によって最小放電開始電圧とそれが生じる pd の大きさも変化する。

例題 4.4 鉄心を利用した通常のモータにおける応力の限界を求めよ。

[解]　電気機器の磁束密度は大きくすればするほど，小さいアクチュエータで大きな力を出せることになり好ましい。しかし，過度に大きな磁束密度の領域では，コイルに流す電流の大きさの割には鉄心の磁気飽和のために磁束密度が増えずに不経済となり，鉄心材料での経済的な磁束密度の限界は約 1.5 T である。ただし，通常のモータでは鉄心にスロットを設けてコイルを入れるので，鉄心の歯とスロットがほぼ同じ幅であると仮定すれば，鉄心の歯の部分はギャップに対してほぼ 2 倍の磁束密度になる。つまり，応力を利用するギャップでの磁束密度は 1.5 T の 1/2 倍程度，つまり約 0.8 T に制限されてしまう。実際にはそのような事情はあるが，とりあえずギャップと鉄心が同じ磁束密度であるとし 1.5 T を仮定してマクスウェルの応力を計算すると

$$p_l = \frac{1.5^2}{2 \times 4\pi \times 10^{-7}} = 0.89 \times 10^6 \ [\text{N/m}^2] = 9.1 \ [\text{kgf/cm}^2]$$

となって，1 cm^2 当り約 9 kgf の力を出せるので，逆にいえば 9 kg ほどの物体をつり下げるには，1 cm^2 の面積に 1.5 T の密度をもつ磁束の通る面をつくればよいことがわかる。

　ちなみに，通常のスケールのマシンを想定した場合の，絶縁破壊の理由で制限される電界のつくる応力の最大値として，4.07×10^{-4} kgf/cm^2 (章末の演習問題参照) を用いると，これら応力の比は

$$\frac{\text{鉄心を用いたときの，磁界による応力の経済的限界}}{\text{電界の応力の限界}}$$

$$= \frac{9.1 \ [\text{kgf/cm}^2]}{4.07 \times 10^{-4} \ [\text{kgf/cm}^2]} \cong 22000$$

となって，同じ面積で発生する力にはミリメートルオーダのギャップを考える限り少なくとも約 20000 倍の開きのあることがわかる。このことから，通常のサイズのアクチュエータに関し，大きな力を出す用途には磁界を用いた装置でなければならないことが理解できる。

　この例題において，もし鉄を用いないで磁束がつくれるようにした電磁力発生装置を仮定すれば，この 1.5 T というような限界はもちろん存在せず，磁束密度はいくらでも大きくできる。しかし，大きな磁束密度を発生させるためにはコイルに流す電流をその分だけ大きくしなければならないが，それはコイルの電気抵抗に起因するジュール損の増加を意味し，熱的な問題により無理が生じる。つまり，電熱器をつくることに等しいようなことになりかねない。そこで，電気抵抗を下げるためにコイルの断面を大きくすれば，ジュール損は小さくなるが，今度は装置が大きく

なってしまうことになる.

4.4.2 アクチュエータのスケーリング則

　生物におけるサイズの違いの影響についての話で,ノミは体の大きさに比べて非常に大きなジャンプができるが,一方で象はほとんどジャンプすることができないという比較がある.これは,筋力が筋肉の断面積に比例するためにサイズの 2 乗に筋力は比例するが,体重したがって質量はサイズの 3 乗で増大し,サイズが小さくなれば筋力を体重で除した値が大きくなることによる.このようなサイズに対する定量的表現をスケーリング則 (scaling laws) と呼ぶ.ここでは,静電アクチュエータと磁気アクチュエータのそれぞれの原理的な基本モデルとして図 4.19 および図 4.20 を取り上げ,特にマシンサイズを小さくした場合の定量的な検討を行ってみよう.

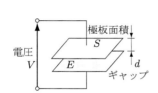

図 4.19　静電アクチュエータモデル

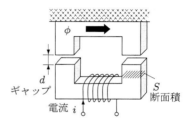

図 4.20　磁気アクチュエータモデル

　静電アクチュエータの応力は,マシンサイズのスケーリングファクタ (scaling factor) を l とおけば,長さ $\propto l$,面積 $\propto l^2$,そして体積 $\propto l^3$ と表せることになるので,電源電圧を一定と仮定すれば

$$f_e = \frac{1}{2}\varepsilon_0 E^2 = \frac{1}{2}\varepsilon_0 \left(\frac{V}{d}\right)^2 \ [\mathrm{N/m^2}] \ \propto \frac{1}{l^2} \quad (V = \mathrm{const.}) \tag{4.51}$$

と書けて,静電力はサイズに関して逆 2 乗で変化するという結果を得る.

　サイズの小さなマシンでは IC によって電源をつくることになるであろうが,電圧の大きさはサイズの影響をあまり受けない.したがって,ギャップサイズが小さくなれば電界の強さが大きくなって,通常のサイズのマシンに比べて大きな応力を発生させることができる.たとえば,ギャップが $d = 1\ \mu\mathrm{m}$,電源電圧が $V = 100$ V のときは,電界の強さは $E = 10^8$ V/m を得る.これは mm オーダーのギャップをもつマシンにおける電界の強さの許容最大値に対して約 30 倍であり,応力としては約 1100 倍となる.もちろん,パッシェンの法則から印加電圧が 327 V の上限

値をみたしているので絶縁破壊は起こさない．電圧のこの性質から，以降は静電アクチュエータのスケーリングについて「電源電圧 $V = $ 一定」と仮定する．マイクロマシンのスケールでは，IC でつくるという理由で若干の電圧値の修正を受けると理解してもらいたい．電界の強さを一定としてスケーリングを議論する文献も見受けられるが，その場合は電界の強さを大きくできるというマイクロマシンの長所を表現できないという問題を生じる．

さて，静電力は応力に極板の面積を乗じて

$$F_e = \frac{1}{2}\varepsilon_0 E^2 S = \frac{1}{2}\varepsilon_0 \left(\frac{V}{d}\right)^2 S \propto \frac{1}{l^2}l^2 = \text{const.} \tag{4.52}$$

となり，同一サイズ比でアクチュエータの大きさを変えるという前提では，静電力はサイズについて一定であるという結果を得る．アクチュエータの性能を表す性能係数 (figure of merit) の一つとして，前述のノミと象の比較で述べたような力慣性比 (force/mass ratio) あるいは力密度 (force density) が一般に用いられるが，体積を V として力密度は

$$\frac{F_e}{V} \propto \frac{1}{l^3} \tag{4.53}$$

と表される．つまり，静電アクチュエータにおいてはサイズが小さくなるに従い 3 乗で静電力の力密度は増大し，小さなマシンへの適用に有利となる．

次に，図 4.20 のアクチュエータモデルを用いて磁気アクチュエータを考察してみよう．応力は

$$f_m = \frac{B^2}{2\mu_0} \qquad [\text{N/m}^2]$$

で与えられる．ここで，ギャップの磁束密度 B の式を導くためにギャップを d とおけば，磁気回路の磁気抵抗は

$$R_m \cong \frac{2d}{\mu_0 S}$$

であるから，主磁束を ϕ，起磁力 Ni，コイルの総断面積 A_c，電流密度 J $[\text{A/m}^2]$ として，磁束密度は次式で与えられる．

$$B = \frac{\phi}{S} = \frac{Ni}{SR_m} = \frac{A_c J}{SR_m} = \frac{A_c J \mu_0 S}{2Sd} = \frac{A_c J \mu_0}{2d} \qquad [\text{T}] \tag{4.54}$$

すなわち，磁束密度 B はコイルの総断面積 A_c と電流密度 J の積に比例し，ギャップ d に反比例することがわかったが，以下に述べるようにコイルのサイズがマシンサイズに比例すると仮定した場合には「$J \propto$ コイル断面径の平方根の逆数 $\propto$ スケーリングファクタの平方根の逆数」となるので，磁束密度 B は式 (4.54) をそのまま用

いると $B \propto l^{1/2}$ を得る．つまり，マシンサイズが小さくなれば B は l の平方根で小さくなるが，磁束密度がそのように減少することは応力の大きさの点で好ましいことではなく，さらにマシンサイズが変わっても磁束密度を一定とするのが電気機器の設計の現状ではより合理的である．したがって，スケーリングについては「磁束密度 $B = $ 一定」を基準として考えることになる．ただし，この場合の式 (4.54) におけるコイル総断面積と l の関係は温度上昇との関連で決まるが，以下に考察を行おう．

　機器の温度上昇値は，発生した熱量の伝導，対流，および放射などによる伝達の度合いに依存する．発生熱量は電流密度 J の大きさで決まるが，発生熱量と放散熱量がつりあったところで温度上昇は定常値となる．熱放散係数を λ，コイルの冷却表面積 S_c，ジュール損を W とおけば最終温度上昇は

$$\theta_f = \frac{W}{\lambda S_c} \qquad [\text{deg}] \tag{4.55}$$

と導かれる．コイルの巻数を N，コイル 1 回巻きの平均長さ l_c，抵抗率 ρ，コイルの総断面積と，それを同面積の円に置き換えた等価な直径 (総断面径と呼称) をそれぞれ A_c，D_c とおけば (図 **4.21**)

$$\theta_f = \frac{W}{\lambda S_c} = \frac{RI^2}{\lambda S_c} = \frac{(\rho N l_c/(A_c/N))(J A_c/N)^2}{\lambda \pi D_c l_c} = \frac{\rho l_c A_c}{\lambda \pi D_c l_c} J^2 \propto J^2 D_c \tag{4.56}$$

を得る．すなわち，熱伝達条件を同一と仮定すれば，温度上昇 θ_f はコイルの電流密度 J の 2 乗と総断面径 D_c の積に比例することがわかる．電流密度の値を一定とすれば，この式において分子のジュール損がコイルの体積に比例，分母の冷却はコイルの表面積に比例となって，コイルのサイズが小さくなると冷却が有利となるのである．したがって，逆に温度上昇を一定として与えれば電流密度 J はコイルの総断面径 D_c の $-1/2$ 乗に比例する (図 **4.22**)．

　コイルの絶縁材料にどの程度の温度上昇に耐えるものを使うかによって多少の幅はあるが，強制的な冷却を考えないとして，総断面径が数 10mm の励磁コイルをもつ電磁石で約 0.3×10^7 A/m^2 の電流密度，通常のサイズの回転機でだいたい 0.5×10^7 A/m^2 が設計の平均的な目安であり，さらにコイルの総断面径が小さな数 mm 程度の場合は約 10^7 A/m^2 と考えてよいであろう．

　さて，磁気アクチュエータについては前述のように磁束密度は一定としてスケーリングを考えると，アクチュエータの吸引力はこのとき

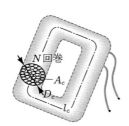

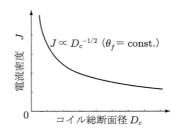

図 **4.21**　磁気アクチュエータ
　　　　　　モデルのコイル

図 **4.22**　コイル総断面径に対する電流密度
　　　　　　（温度上昇一定）

$$F_m = \frac{B}{2\mu_0}^2 \cdot 2S \propto l^2 \quad (B = \text{const.}) \tag{4.57}$$

となってサイズの 2 乗に比例することがわかる．したがって，磁気アクチュエータ
の力密度は

$$\frac{F_m}{V} \propto \frac{l^2}{l^3} = \frac{1}{l} \tag{4.58}$$

と表せてサイズに逆比例することがわかる．つまり，サイズが小さくなるに従い力
密度は $1/l$ で増大する．しかし，静電アクチュエータの場合は $1/l^3$ で増加したの
で，磁気アクチュエータはマシンサイズの縮小には相対的には不利であることがい
える（図 **4.23**）．したがって，マシンサイズの縮小には静電アクチュエータが適し
ていることが結論できる．

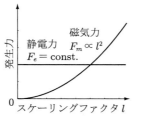

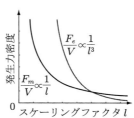

図 **4.23**　アクチュエータ電磁力のスケーリング

例題 4.5　磁気アクチュエータと静電アクチュエータについて，磁気アクチュ
エータのギャップ磁束密度を 1 T とした場合に，応力が同等になる静電アクチュ
エータのギャップを求めよ．ただし，パッシェンの法則をみたすために仮定する
電圧を 300 V とせよ．

［解］　両者の応力が等しいという条件から

$$\frac{B}{2\mu_0}^2 = \frac{1}{2}\varepsilon_0 E^2$$

により，電界の強さは

$$E = \frac{B}{\sqrt{\varepsilon_0 \mu_0}} = \frac{1}{\sqrt{8.85 \times 10^{-12} \times 4\pi \times 10^{-7}}} = 3.0 \times 10^8 \quad [\text{V/m}]$$

したがって，静電アクチュエータのギャップは

$$d = \frac{V}{E} = \frac{300}{3.0 \times 10^8} = 10^{-6} \quad [\text{m}]$$

すなわち，電源電圧を 300 V としたとき，静電アクチュエータのギャップが 1 μm のときに応力の点では磁気アクチュエータと同等のものとなる．

さて，磁気アクチュエータのスケーリングについて磁束密度は一定の条件を仮定したが，それを達成するために励磁コイルがアクチュエータの断面積において占める割合を検討してみよう．k_T を定数として温度上昇値 θ_f は式 (4.56) から

$$\theta_f = k_T J^2 A_c^{1/2} \quad [\text{deg}]$$

と表せるが，目標の温度上昇が同一であるとき，電流密度はこの式から

$$J = c_T A_c^{-1/4} \quad (\theta_f = \text{const.}) \tag{4.59}$$

を得る．

ただし，c_T は定数である．

したがって，磁束密度とコイル総断面積の関係は

$$B = \frac{A_c J \mu_0}{2d} = \frac{\mu_0 c_T A_c^{3/4}}{2d} \tag{4.60}$$

となる．磁束密度は一定と仮定するので

$$A_c^{3/4} = \frac{2d}{c_T \mu_0} B \propto l$$

すなわち

$$A_c \propto l^{4/3} \quad (B, \theta_f = \text{const.}) \tag{4.61}$$

一方，アクチュエータの断面積を A_m とおけば

$$A_m \propto l^2 \tag{4.62}$$

となるので，アクチュエータ断面積に占めるコイルの総断面積の割合は

$$\frac{A_c}{A_m} \propto \frac{l^{4/3}}{l^2} = l^{-2/3} \tag{4.63}$$

によって表されるように，小さなアクチュエータほどその断面に占めるコイルの割合は大きくなることがわかる（図 4.24）．一方，静電アクチュエータにおいては，電圧を与える極板は断面積としては無視できる．したがって，磁気アクチュエータはマシンサイズを小さくしたときに，力密度の点ばかりでなく，励磁コイルの総断面積がマシンに占める割合においても不利である．

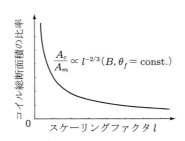

$$\frac{A_c}{A_m} \propto l^{-2/3}(B, \theta_f = \text{const.})$$

図 4.24　磁気アクチュエータのコイル総断面積がマシンに占める比率

　ところで，アクチュエータを動作から分類した場合にリニアアクチュエータと回転形アクチュエータに分けることができるが，リニアアクチュエータの発生する推力や垂直力などの電磁力のスケーリングは式 (4.57) により表されることになる．回転形のアクチュエータにおけるトルクは，ギャップにおいて生じる磁束管の歪みにより生じ，さらにギャップが回転子の直径部分に存在することから，回転子の直径を D_m，長さを L_m とおけば，発生力に半径を乗じて回転形アクチュエータのトルク T_m [Nm] は表され

$$T_m \propto \frac{B^2}{2\mu_0} \cdot \pi D_m L_m \cdot \frac{D_m}{2} \propto D_m^2 L_m \propto l^3 \tag{4.64}$$

の関係を得る（図 4.25）．ただし，発生力はマクスウェル応力に回転子の表面積を乗じた値に比例する関係を用いた．ここで，トルクが $D_m^2 L_m$ に比例するというよく知られた関係も得られた．そこで，アクチュエータの加速の度合いを表すためには，リニアアクチュエータであれば力慣性比 F_m/M，回転形アクチュエータであればトルクを慣性モーメントで除したトルク慣性比 (torque/inertia ratio) T_m/J が性能係数となる．

　ここで，回転子の質量を G [kg] とし，その質量が直径 D [m] に集中していると考えた場合，慣性モーメント J は

$$J = G\left(\frac{D}{2}\right)^2 = \frac{GD^2}{4} \propto l^5$$

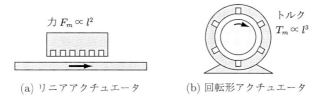

(a) リニアアクチュエータ　　　　　(b) 回転形アクチュエータ

図 **4.25**　磁気アクチュエータの発生力のスケーリング

と書ける.

　ただし，D は等価回転直径と呼ばれて $D = D_m/\sqrt{2}$ で与えられ，GD^2 は慣性モーメント J とともに実務でよく用いられる.

　リニアアクチュエータの力慣性比，および回転形アクチュエータのトルク慣性比を求めると

$$\frac{F_m}{M} \propto \frac{l^2}{l^3} = \frac{1}{l} \quad (\text{リニアアクチュエータ})$$

$$\frac{T_m}{J} \propto \frac{l^3}{l^5} = \frac{1}{l^2} \quad (\text{回転形アクチュエータ})$$

となって，力慣性比とトルク慣性比はサイズに対してそれぞれ，逆比例，逆 2 乗となり，静電アクチュエータとの比較は別として速応性の観点ではいずれも小さなマシンが有利ではある. 静電アクチュエータをリニアアクチュエータおよび回転形アクチュエータとした場合の発生力と性能係数については，磁気アクチュエータと同様に導けて，結局アクチュエータのスケーリングとして表 4.1 を得る.

表 **4.1**　アクチュエータに関するスケーリング

スケーリングの前提条件	$V : \text{const.}$	$\theta_f, B : \text{const.}$
ギャップにおける場の強さ	$E \propto l^{-1}$	$B = \text{const.}$
ギャップにおける応力	$f_e \propto l^{-2}$	$f_m = \text{const.}$
リニアアクチュエータの力	$F_e = \text{const.}$	$F_m \propto l^2$
回転形アクチュエータのトルク	$T_e \propto l$	$T_m \propto l^3$
リニアアクチュエータの力慣性比	$F_e/M \propto l^{-3}$	$F_m/M \propto l^{-1}$
回転形アクチュエータのトルク慣性比	$T_e/J \propto l^{-4}$	$T_m/J \propto l^{-2}$
励磁部のマシンに対する断面積比	0	$A_c/A_m \propto l^{-2/3}$

4.4.3　ミクロなスケールにおける力学的問題

アクチュエータをマイクロマシンとしてつくったときに生じるトライボロジーの問題がある．つまり，ミクロなスケールでは新たな摩擦力が現れるのであるが，この原因は分子間に作用するファンデルワールス力 (Van der Waals force) や物体表面に存在する液体による表面間力などの凝着力 (adhesion force) である．摩擦力は垂直荷重によるものと凝着によるものの和として表現できるが，垂直荷重 N は体積に比例し，一方で凝着力 F_a は表面積に比例するので，摩擦力 F_f は摩擦係数を μ とおいて

$$F_f = \mu(N + F_a) \cong \begin{cases} \mu N \propto l^3 & \text{（マクロスケール）} \\ \mu F_a \propto l^2 & \text{（ミクロスケール）} \end{cases} \tag{4.65}$$

となる．

つまり，摩擦力はマクロなスケールではスケーリングファクタの 3 乗に比例するが，ミクロなスケールではスケーリングファクタの 2 乗に比例する項が優勢となり，この摩擦力によりアクチュエータの移動子あるいは回転子の運動が妨げられる．したがって，アクチュエータをその構成要素同士が擦りあいながら動作させることがマイクロマシンでは困難となることがある．

（参考）　摩擦力 (frictional force)

個体間のマクロなスケールの摩擦力は，表面の性質や相対速度などによって変化するが，クーロン・アモントンの法則として知られている．流体的な抵抗としての粘性摩擦を加えると，一般にマクロな摩擦力は次の三つがある．

・粘性摩擦 (viscous friction)
・静止摩擦 (static friction)
・動摩擦 (kinetic friction)

まず，粘性摩擦は流体中を動くマクロな物体に作用する抵抗で，速度に比例して運動を妨げる向きに作用するが，速度 v を用いて

$$f_{\text{viscous}} = \eta v$$

と表せる．

ただし，η は粘性摩擦係数である．

静止摩擦力は相対速度が 0 のときにだけ，移動しようとするのを妨げる向きに作用する摩擦力であり，垂直加重を N として次式で表現される．

$$f_{\text{static}} = \begin{cases} \pm\mu_s N & (v = 0) \\ 0 & (v \neq 0) \end{cases}$$

ただし，μ_s は静止摩擦係数である．

　最後に，動摩擦力は静止時には大きさが 0 であるが，相対速度をもつときのスティックスリップ運動によるエネルギー散逸に起因するもので，マクロなすべり速度とは無関係に一定の大きさをもち，運動を妨げる向きに作用し，

$$f_k = \begin{cases} \pm\mu_k N & (v \neq 0) \\ 0 & (v = 0) \end{cases}$$

となる．ただし，μ_k は動摩擦係数であり，一般に動摩擦係数は静止摩擦係数よりも小さい．

　さらに，流体に起因する粘性摩擦力も面積に比例するので，結局サイズが小さくなればなるほど質量の影響は小さくなり，ミクロなスケールでの物体のダイナミクスに与えるアクチュエータの発生力以外の要因として，凝着力および粘性摩擦力が支配的な世界になるといえる．また，流体の流れに関しては慣性力の粘性力に対する比として定義されるレイノルズ数 (Reynolds number) があるが，これについてもみてみよう．

　粘性力は l^2 に比例し，慣性力 $m\alpha$ は l^4 に比例するので，レイノルズ数は $R_e \propto l^4/l^2 = l^2$，すなわちスケーリングファクタの 2 乗に比例する．したがって，ミクロなスケールでの空気をはじめとする流体の動きに関しては，スケーリングファクタが小さくなればレイノルズ数が小さくなるので，運動に慣性力を利用することができず粘性力が支配的となり，「ねばねば」とした流れの中でのアクチュエータ駆動になる．

演 習 問 題 ●━━━━━━━━━━━━━━━━━━━━━━━━━

[問題 4.1]　極板の面積と間隔がそれぞれ S [m²]，x [m] の空気コンデンサに関して，(ⅰ) 極板の電荷量 Q を一定にする場合と，(ⅱ) 端子電圧を一定にする場合の極板間に作用する力の式をそれぞれ求めよ．

[問題 4.2]　空気の絶縁耐力は，ギャップが mm オーダーの場合，約 3×10^6 V/m の大きさの電界であった．この値を用いて，電界による力を利用したアクチュエータの応力の限界を求めよ．ただし，$\varepsilon_0 = 8.85 \times 10^{-12}$ である．

[問題 4.3]　電流 I [A] の流れているコイルを導体板上で平行に走らせると，誘導起電力が導体板に生じてうず電流が生じる．コイルの走行速度が大きいほど，うず電流の中心はコイル電流の中心に接近し，結局コイルの磁束鎖交数はうず電流の磁束のために少なくなり，すなわちコイルの自己インダクタンス L が小さくなったようにみえ，$L(z) = L_c - L_e e^{-\beta z}$ の形に表される．ただし，z [m] は相互間の高さ方向の距離，β と L_e は定数，L_c はうず電流が流れていないときの自己インダクタンスである．コイルに生じる高さ方向の力を求

めよ.

[**問題 4.4**]　本文では磁束密度を一定と仮定したが，式 (4.60) におけるコイル断面積がスケーリングファクタの 2 乗に比例するときの磁束密度と応力のスケーリング則を求めよ.

[**問題 4.5**]　例題 4.1 について $\delta = \pi/4$ として，分極電荷の発生を考えて力の発生を確かめよ.

第**5**章
電磁力の発生と制御

　近接作用として電磁力を眺めると電界に基づく力と磁界に基づく力があり，マクスウェルの応力によって統一的な説明ができた．一方，遠隔作用としてみると，前者は電荷の間に生じるクーロン力であり，後者は磁荷あるいは電流により生じる力とみることができた．本章では電荷および磁荷という見方に立った電磁エネルギー変換装置の基本構成，吸引形磁気浮上装置のモデリングと制御について述べる．

5.1　電磁力発生機器の基本要素の構成 ●————————

　磁界に基づく力を磁荷の間に生じる力，そして電界による力を電荷間の力として整理することができるが，その場合電磁力機器の構成は磁荷あるいは電荷をいかに発生させ配置するかという問題に等しい．

5.1.1　電磁力発生の基本要素

　電磁力を発生させるためには，磁荷あるいは電荷を発生させれば，それぞれ磁界に基づく力と電界に基づく力を得ることができるが，正負の量で表現される磁荷あるいは NS で表現される磁極の基本要素を図 5.1 に，そして電荷の基本要素を図 5.2 に示す．

- 磁荷発生の基本要素:
    - ($m1$)　硬磁性材料の永久磁化によって生じる磁荷
    - ($m2$)　コイル電流により励磁された軟磁性材料による磁荷
    - ($m3$)　電流ループによる等価な磁荷
    - ($m4$)　電磁誘導作用によって生じる起電力が，導体につくるうず電流による等価な磁荷
    - ($m5$)　超電導体のマイスナー効果による等価な磁荷 (すなわち，遮へい電流に等価な磁荷)
    - ($m6$)　超電導体のピン止めに等価な磁荷 (新たな磁束の侵入に対しては反磁

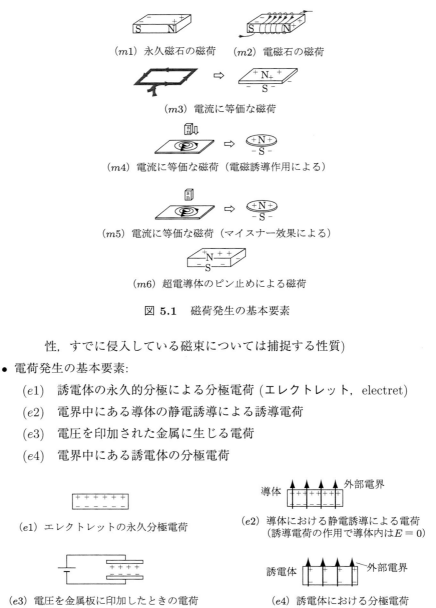

（m1）永久磁石の磁荷　（m2）電磁石の磁荷

（m3）電流に等価な磁荷

（m4）電流に等価な磁荷（電磁誘導作用による）

（m5）電流に等価な磁荷（マイスナー効果による）

（m6）超電導体のピン止めによる磁荷

図 **5.1**　磁荷発生の基本要素

性，すでに侵入している磁束については捕捉する性質）

● 電荷発生の基本要素:

（e1）　誘電体の永久的分極による分極電荷 (エレクトレット，electret)

（e2）　電界中にある導体の静電誘導による誘導電荷

（e3）　電圧を印加された金属に生じる電荷

（e4）　電界中にある誘電体の分極電荷

（e1）エレクトレットの永久分極電荷

（e2）導体における静電誘導による電荷
　　（誘導電荷の作用で導体内は $E = 0$）

（e3）電圧を金属板に印加したときの電荷

（e4）誘電体における分極電荷

図 **5.2**　電荷発生の基本要素

まず，磁荷の基本要素について眺めてみよう．磁荷 (m1) は永久磁石であるが，最もなじみのあるものであろう．(m2) の軟磁性材料については，すでに述べたよう

に磁性体の磁化が印加磁界に応じて変化するので，磁荷の量が印加磁界によって可変とできることになる．(m3) は電流ループ自体が等価な磁石に置き換えられ，この場合も磁荷の量を電流の大きさで変えることができる．(m4) は図のように永久磁石を導体板にある速度で近づけると起電力が導体に生じ，これは導体の導電率に応じたうず電流をつくることになる．すなわち，うず電流に等価な磁荷を生じる．ただし，電流による自己誘導起電力が新たに生じるので，うず電流の変化のタイミングがそれによってずれを生じることは前章で述べたとおりである．(m5) は超電導体のマイスナー効果によるものであり，この完全反磁性をつくり出しているのは遮へい電流であるので，これに等価な磁荷が生じる．すなわち，超電導体表面における磁束密度を 0 にするような磁荷が表面部分に生じるということになる．(m6)は超電導体のピン止め効果による磁荷の発生であり，(m5) に比べて非常に大きな磁界に耐えるので，その分だけ大きな磁荷を生じるものである．

　次に電荷の基本要素であるが，(e1) は永久的な分極電荷であり，マグネット (永久磁石) の類比から O. Heaviside によりエレクトレットと名付けられた．(e2) は導体に電界が作用したときに，導体内部の電界の強さが 0 になるように自由電子が移動して表面に電荷が現れることによる．(e3) は電源に接続された金属板で，導体中の自由電子の移動により，陽極側の金属板には電子が不足して正の電荷，陰極側の金属板には電子が集まって負の電荷が現れることになる．(e4) は誘電体に電界が作用して分極が生じることによる分極電荷である．

　電磁力発生機器はこれらの基本要素をいかに組み合わせて，所望の性能を達成するかということになるといえる．電磁力装置として，磁気アクチュエータ，磁気浮上，あるいは静電アクチュエータや静電浮上を取り上げて，以下にその構成と基本原理についてみてみよう．

5.1.2　アクチュエータ・モータの構成

　力を発生する装置をアクチュエータと呼び，一方でモータは回転形あるいはそれをリニア駆動にしたものをいう．したがって，モータはアクチュエータとして利用できるが，アクチュエータは必ずしもモータではないことに注意しよう．そこで，磁気アクチュエータあるいはモータは，磁荷の基本要素を二ヶ所に離しておき，片方の要素を移動させることで，両者の間に生じる磁気力によってもう一方の要素が移動することを利用するものである．静電アクチュエータ・モータは，同様に電荷を配置し構成したものである．

　磁荷の移動を実現するには，$(m2)$ あるいは $(m3)$ の要素を利用し，電源のスイッチングあるいは多相電源を用いて電流の大きさの調整により磁荷の大きさを変えればよい．電荷の移動を実現するには，通常は $(e3)$ の要素を利用して同様に電源のスイッチングか多相電源を用いて，電圧の可変により電荷の大きさを変える．この移動する磁荷および電荷による場を，それぞれ**移動磁界** (進行磁界，traveling magnetic field) および**移動電界** (traveling electric field) と表現する．ここで多相電源とは，一般には三相電源あるいは二相電源であり，電圧波形は通常正弦波であることが求められる．

　図 **5.3** には二相電源を用いたときの移動する磁荷の発生，すなわち移動磁界発生の様子を示している．まず，図中のコイル配置で左二つのコイルと右二つのコイルは，電流の正方向を示す矢印からわかるように，互いに電源電圧との接続が逆になっていることに注意する．

　二相電源は 90 度だけ位相の異なる二つの正弦波の電圧波形をもつことを意味するが，その二つの電圧に U 相，V 相と名前をつけることにしよう．各相につながれる回路が同一の線形な回路定数をもてば，図中に示すように電流も 90 度位相の異なる正弦波となることは明らかである．このとき，電流波形の図における各時点 $t = 0, t_1, \cdots, t_4$ におけるコイルの起磁力の分布として描けば，時間が経つにつれて N 極と S 極の中心が図のように移動することがわかる．すなわち，二相交流電源電圧を二相コイルに印加すれば，その電流によって移動磁界が生じるのである．ここでは理解の容易さのために，簡単な二相コイル配置としたので起磁力の空間的な形状がなめらかではないが，コイルの適切な配置により空間的に正弦波状の分布とす

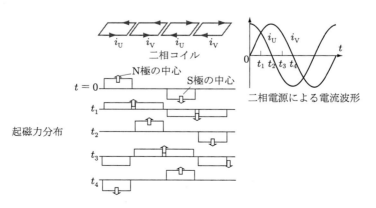

図 **5.3**　二相交流による移動磁界の発生

ることが可能である．一般に，三相あるいは二相の電源をそれぞれ三相および二相コイルに接続すれば移動磁界を得ることができるが，それを回転機に適用すれば**回転磁界** (rotating magnetic field, revolving magnetic field) が生じることになる．また，このような交流電源を用いたモータを**交流モータ** (alternating current motor, AC motor) と呼ぶ．

図 **5.4** には移動磁界に双対な形で移動電界の発生を示している．コイルの代わりに導体板による電極を配置し二相電圧を印加すると，電極には電荷 ($e3$) が誘導され，図のように電位の空間分布が，時間が経つにつれて変化して移動電界が形成される．

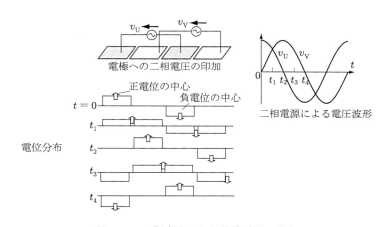

図 **5.4**　二相交流による移動電界の発生

以上の議論によって，磁気アクチュエータ・モータは移動磁界と，磁荷の基本要素 ($m1$) から ($m6$) のうちのいずれかを組み合わせてつくられ，静電アクチュエータ・モータは移動電界と，電荷の基本要素 ($e1$) から ($e4$) のうちのいずれかを組み合わせて構成されることがわかる．

そこで，磁気力を用いる場合について，移動磁界に対抗して ($m1$)，($m2$)，($m3$) のいずれかを可動子として組み合わせて構成した場合，可動子は移動磁界のつくる磁荷と同じ速度で移動しなければ有効な力が発生しない．すなわち，同じ速度をもたないと，移動磁界と可動子の間で磁荷同士の発生する力が反発力と吸引力を交互に繰り返すことになり，有効な力を発生しない．したがって，移動磁界と可動子は同期した速度でなければならないが，このようなモータを**同期モータ** (synchronous motor) と呼び，リニアモータと回転形モータについての構成例を図 **5.5** に示す．

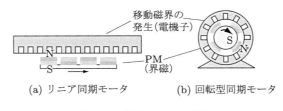

(a) リニア同期モータ　　　(b) 回転型同期モータ

図 **5.5**　同期モータの構成

　図中において移動磁界を発生させる側は**電機子** (armature) と呼ばれ，ここでは $(m2)$ を用いている．一方で電機子からの力を受ける部分は**界磁** (field) と呼ばれて，ここでは**永久磁石** (PM = permanent magnet, $m1$) の場合を示している．移動磁界のつくる磁極の中心が界磁の磁極の中心と一致していれば，推進力あるいはトルクを生じないが，界磁磁極間の中央に位置するように移動磁界の磁極が発生すれば，最大の推進力・トルクが生じることは容易にわかるであろう．つまり，このときはジュール損を除けば電機子に流れる電流はすべてが推進力あるいはトルクに費やされることになり，移動磁界をつくる電気的エネルギーは可動子の推進あるいは回転の仕事に利用され，有効なエネルギー変換が行われることになる．この状況は，電機子のつくる磁極と界磁の磁極の直交性が成立しているといわれる．

　また，このように電機子のつくる磁極と界磁のつくる磁極に一定の位置的な関係が確保できていると，電機子電流の増加に対して推進力・トルクは比例して増加し，したがって高い制御性能を得ることができる．ちなみに，界磁と位置的に一致する磁極成分 (これを通常は磁束成分と呼称) をつくる電機子電流を d 軸成分の電流と定義し，推進力・トルクを生じる成分は q 軸成分の電機子電流として数学的に区別して扱うことで，交流の電機子電流が dq 軸上で直流量として制御可能となる．これにより制御系状態変数の瞬時値の制御を可能とし，**ベクトル制御** (vector control) と呼ぶ．

　次に，移動磁界に対抗して $(m4)$ を可動子として配置したモータを**誘導モータ**

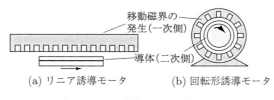

(a) リニア誘導モータ　　　(b) 回転形誘導モータ

図 **5.6**　誘導モータの構成

(induction motor) と呼び，図 5.6 に構成例を示す．移動磁界を発生させる側はこのとき 1 次側 (primary) と呼び，電磁誘導作用によってうず電流が流れる結果として磁荷が生じた結果駆動される側は 2 次側 (secondary) と呼ばれる．したがって，駆動力が発生するためには 1 次側のつくる移動磁界と 2 次側の導体間には相対速度が必要である．回転機の多くの場合は鉄心にアルミニウムを鋳込んで導体部分がつくられ，導体部分がリスの遊ぶかごのような形状をしているので，かご形誘導モータと呼ぶ．誘導モータのベクトル制御は，同期モータに比べればアルゴリズムが多少複雑となるが，1 次側と 2 次側の磁極の直交性，いい方を変えれば電流と磁束の直交性の確立のもとに行われる．

一般にもっとも知られているモータとしては**直流モータ** (direct current motor, DC motor) があるが，この場合は固定子側に $(m1)$ あるいは $(m2)$ を配置し，回転子側に $(m2)$ をおく．回転子側の電流はブラシと整流子と呼ぶ機械的な素子の組み合わせにより整流され，固定子の磁極と回転子の磁極につねに前述の直交性が成立するところに大きな特徴がある．つまり，直流モータではそのままの形でベクトル制御が自動的に行えるわけであり，逆にいえばベクトル制御は直流モータの動作原理を目指しているといえる．直流モータの動作原理については第 6 章でさらに詳しく述べる．

静電力を用いたアクチュエータ・モータは，電源に接続された電極により移動電界をつくり，$(e1)$ のエレクトレット，$(e2)$ の静電誘導，あるいは $(e4)$ の分極のうちのいずれかを対抗させた形で駆動される．

5.1.3 浮上系の構成と原理

リニアモータにより駆動する場合には推進を非接触とできるが，支持に関して非接触が求められる場合には案内力と共に浮上力を発生させる必要がある．磁気浮上を行うには主に以下の方法が考えられる．

（ⅰ）永久磁石 $(m1)$ と永久磁石 $(m1)$ の反発力

（ⅱ）永久磁石 $(m1)$ あるいはコイル電流 $(m3)$ と，うず電流 $(m4)$ の反発力

（ⅲ）永久磁石 $(m1)$ と超電導体の完全反磁性 $(m5)$ による反発力

（ⅳ）永久磁石 $(m1)$ と超電導体のピン止め $(m6)$ による力

（ⅴ）励磁コイルを巻いた軟磁性体 $(m2)$ と，軟磁性体 $(m2)$ の吸引力

（ⅵ）軟磁性体 $(m2)$，超電導体（$m5$ もしくは $m6$），および磁界発生源を用いた方式

　推進と浮上により非接触駆動が求められる場合には，力学的な安定性が重要な問題となる．物体が力学的に平衡状態にあるためには，物体に作用する力の和が 0 で，かつ平衡点からの摂動を生じた場合には復元力，すなわち平衡点に向かう方向の力が生じなければならない．物体に作用する力をベクトル $\boldsymbol{F}$ で表せば，平衡点 $\boldsymbol{r} = \boldsymbol{r}_0$ において次式が必要条件となる (十分条件ではない)．

$$\boldsymbol{F}(\boldsymbol{r}_0) = 0, \quad \mathrm{div}\, \boldsymbol{F}(\boldsymbol{r})\big|_{\boldsymbol{r}=\boldsymbol{r}_0} < 0 \tag{5.1}$$

　静磁界中に永久磁石がおかれている場合は，後に示す「さらに進んだ議論」におけるアーンショーの定理の拡張，および後述のブラウンベックの定理においても示すように，式 (5.1) の第 2 式を満足することはできず，力 $\boldsymbol{F}$ の発散 div は 0 となる．すなわち，(i) の永久磁石同士の反発力は不安定となる．したがって，高さ方向の力のバランスはある一点で確保できても，案内方向の不安定化力が大で，機械的あるいは他の電磁力による安定化が必要となる．

　さらに，輸送車両のような大きなサイズの装置に関しては，案内力発生装置の付加によってせっかくの永久磁石の高コストな配列に価値を見出すことは難しく，もし案内用に車輪を用いたとすれば，その車輪に必要とされる力の大きさは車輪支持と同等の大きさとなってしまう．ゆえに，仮にこの方式を用いるとしても小さな装置に限られることになる．

　(ii) の永久磁石あるいはコイル電流が，導体に電磁誘導作用で生じさせるうず電流との反発力発生の原理を図 **5.7** に示すが，これは実際の磁気浮上車両に適用されており，**誘導反発形浮上** (electrodynamic levitation) と呼ばれる．図に示すように，導体板に対抗してたとえば永久磁石を移動させると，導体板の座標系から眺めて $\mathrm{rot}\,\boldsymbol{E} = -\partial \boldsymbol{B}/\partial t$ に基づく磁界の時間変化によって生じる起電力が導体板に生じる．しかし，移動速度が低いときはもちろんその起電力は小さく，同図 (a) のよう

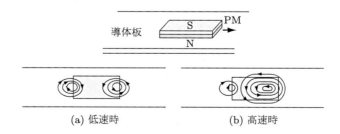

(a) 低速時　　　　　　　　(b) 高速時

図 **5.7**　誘導反発形磁気浮上

に磁束の時間変化をする場所にうず電流が流れる.

　うず電流を等価な板磁石で置き換えて考えると,永久磁石の前の部分で反発力,後ろの部分で吸引力が生じることが容易にわかり,進行方向には従って抗力が発生する. そして,自己誘導による起電力の影響で前部のうず電流が後部より少し大きいので,小さいながら浮上力が生じることになる.

　速度の大きな場合を描いたのが同図 (b) であるが,この場合は磁界の時間変化に基づく起電力が大きくなるが,さらに電流の自己誘導による起電力が目立ち,磁石のつくる磁束に対抗するような形でうず電流が生じる. したがって,うず電流を等価な板磁石に置き換えて眺めると,磁石との間で反発力を生じる領域が広くなり,かつその値も大きくなるので,大きな浮上力が生じると共に抗力は小さくなることがわかる.

　見方を変えれば,高速度においては導体板が永久磁石の磁束を打ち消すような形でうず電流を生じるので,反磁性の磁性体に等価であるとみなすこともできる. 図 5.8 に浮上力と抗力の速度に対する依存性を示しているが,導体板の代わりに短絡したコイルを進行方向に並べても同様の特性を得ることができる. また,この現象のユニークな計算例として,第 4 章の演習問題 4.3 も参照されたい.

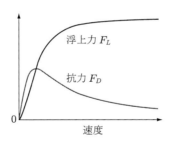

図 5.8　誘導反発形磁気浮上の特性

　さて,磁性体の磁気双極子による表現については第 2 章で述べたが,ベクトル d だけ隔てた二つの磁荷 $\pm q_m$ を磁気双極子として,その座標を r,体積を ΔV,磁化を $M = m/\Delta V$ (ただし,m は磁気モーメント) と書けば,外部磁界 B によって生じる力 F_m は次のようになる.

$$F_m(r) = -q_m B(r - d) + q_m B(r) = (m \cdot \nabla) B(r) = \frac{1}{2} \Delta V \mu_0 \chi_m \mathrm{grad}\, |H|^2$$

ここで,$\mu_0 \chi_m = \mu - \mu_0$ であるから,結局透磁率 μ のごく小さな体積 ΔV をもつ磁性体に作用する磁気力は,磁性体以外がつくる磁界 H を用いて

$$\boldsymbol{F}_m(\boldsymbol{r}) = \frac{1}{2}\Delta V(\mu - \mu_0)\mathrm{grad}\,|\boldsymbol{H}|^2 \tag{5.2}$$

と表される．強磁性体の場合は $\mu - \mu_0$ が正の値であるので，磁気力は磁界の強さ H の絶対値が大きくなる方向に向かって作用する，すなわち磁界源への吸引力が作用することを意味する．しかし，$\mu - \mu_0$ が負の値であるような反磁性体，あるいは完全反磁性を示す超電導体を用いると磁界源と反発力，つまり磁界が弱くなる向きに力を受ける．すなわち，(iii) の永久磁石と超電導体の完全反磁性による反発力がこの式で説明できる．(iv) のピン止め力はこの反発力に加えて，ピン止め磁束による吸引力も含んでいる．ここで，安定性をみるために式 (5.2) の発散をとると

$$\mathrm{div}\,\boldsymbol{F}_m(\boldsymbol{r}) = \frac{1}{2}\Delta V(\mu - \mu_0)\,\mathrm{div}\bigl(\mathrm{grad}\,|\boldsymbol{H}|^2\bigr) \tag{5.3}$$

となるが

$$\mathrm{div}\bigl(\mathrm{grad}\,|\boldsymbol{H}|^2\bigr) \geq 0$$

であることから，系の安定性の必要条件を示す力の発散は次のようになる．

$$\mathrm{div}\,\boldsymbol{F}_m(\boldsymbol{r})\begin{cases} < 0 & (\mu - \mu_0 < 0) \\ \geq 0 & (\mu - \mu_0 \geq 0) \end{cases} \tag{5.4}$$

　すなわち，$\mu - \mu_0 < 0$ のときには安定な系を構築可能となることがわかるが，これに後述の静電浮上の場合の結論を含めて，ブラウンベックの定理 (Braunbek's theorem) と呼ぶ．したがって，(iii) と (iv) の二つの場合は安定浮上が可能であり，(ii) の誘導反発形浮上では，導体板におけるうず電流の作用が結果的に反磁性と等価であったことから，安定浮上可能な系といえる．

　(v) は第 4 章で電磁力の導出を行った電磁石モデルであり，そのままではブラウンベックの定理から不安定である．ゆえに電磁石のつくる磁界は安定条件式を達成するように制御されなければならない．この浮上方法は産業界で広く使われているだけでなく，輸送用磁気浮上車両の浮上方式としても採用されている．しかし，この方式では浮上高さが大きくなると，電磁石のつくる磁束の漏れが大きくなり，磁化される側の軟磁性体の磁化も弱くなるのでギャップの磁束密度は低くなって，吸引力が有効に得られなくなる．したがって，ギャップは高々 10 mm 程度に制限される．制御系設計については 5.3 節でくわしく述べる．

　(vi) は **mixed-μ** (混合 μ) 方式と呼ばれ，空気の透磁率 μ_0 よりも小さな領域 ($\mu < \mu_0$) と μ_0 よりも大きな領域 ($\mu > \mu_0$) が混合された系を適切に構成することで安定浮上を得る方式である．すなわち，(m1) や (m3) などによる磁界発生源の

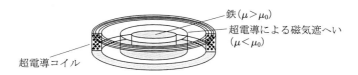

図 **5.9** 混合 μ 方式による磁気浮上

下で，$\mu < \mu_0$ と $\mu > \mu_0$ の物質間での反発力を利用するものである．図 **5.9** に構成例を示すが，磁界発生源としてここでは超電導コイル $(m3)$ を用い，$\mu > \mu_0$ の材料はもちろん軟磁性体 $(m2)$，そして $\mu < \mu_0$ の材料には完全反磁性，すなわち，$\mu = 0$ の超電導体 $(m5)$ が配置されている．超電導による磁界遮へい部がその近傍の磁界を弱めるので，式 (5.2) により $\mu > \mu_0$ の鉄は中央に向かって力を受け安定浮上することになる．

　静電浮上に関しては，誘電率が ε のごく小さな体積 ΔV の誘電体を電気双極子として捉えて，外部電界 $\boldsymbol{E}$ のもとでの静電力 $\boldsymbol{F}_e$ を計算すると，磁気力の場合と同様にして，分極を $\boldsymbol{P} = \boldsymbol{p}/\Delta V$（ただし，$\boldsymbol{p}$ は電気モーメント）と表して

$$\boldsymbol{F}_e(\boldsymbol{r}) = -q\boldsymbol{E}(\boldsymbol{r} - \boldsymbol{d}) + q\boldsymbol{E}(\boldsymbol{r}) = (\boldsymbol{p} \cdot \nabla)\boldsymbol{E}(\boldsymbol{r}) = \frac{1}{2}\Delta V(\varepsilon - \varepsilon_0)\mathrm{grad}\left|\boldsymbol{E}\right|^2 \quad (5.5)$$

を得る．$\varepsilon < \varepsilon_0$ となるような物質はないので，つねに電界の絶対値の強くなる方向，すなわち物体は電極へ吸引力を受け，さらに力の発散はつねに正の値をとって不安定な系となる．故に，不安定系としての吸引形浮上となり安定化のための制御が必要である．静電浮上の構成はしたがって，制御を行う $(e3)$ の電源に接続された電極に対して，$(e1)$ のエレクトレット，$(e2)$ の静電誘導，あるいは $(e4)$ の分極のいずれかが組み合わされる．

━━━━━ さらに進んだ議論 ━━━━━

　ここで述べる電磁力支持の安定性の定理は，ブラウンベックの定理よりも下位のものであるが，物理的に重要であるので述べておく．静電界中におかれた点電荷の力学的安定性について検討を行う．静電界は保存場であるので電位が定義できるが，簡単のために 1 次元の問題を仮定すると，次のように電界の強さ E は電位 ϕ の負の勾配で与えられる．

$$E = -\frac{d\phi}{dx}$$

このとき電界の中のおかれた電荷 q に作用する力は

$$F = qE$$

となるが，電荷が静止した状態であるためには作用する力が 0 でなければならないので，平衡点を x 軸の原点に仮定すれば

$$E = -\frac{d\phi}{dx} = 0 \quad (x = 0) \tag{5.6}$$

さらにこの原点が安定な平衡点であるためには，復元力が生じなければならないので，原点近傍において次式をみたさなければならない．

$$qE = -q\frac{d\phi}{dx} < 0 \quad (x > 0) \tag{5.7}$$

$$qE = -q\frac{d\phi}{dx} > 0 \quad (x < 0) \tag{5.8}$$

電荷がもつポテンシャルエネルギーは電位に電荷量を乗じて $U = q\phi$ で与えられるが，原点が平衡点であるためのポテンシャルエネルギーは図 **5.10** のような形状をもたなければならず，次式で表現できる．

$$\frac{d^2 q\phi}{dx^2} = \frac{d^2 U}{dx^2} > 0 \quad (x = 0) \tag{5.9}$$

すなわち，ポテンシャルエネルギーが極小値となることが，安定な平衡点であるための必要十分条件である．

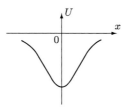

図 **5.10**　平衡点近傍でのポテンシャルエネルギー

そこで，電荷 q 以外の電荷がつくる電位を ϕ としていることに注意すれば，電位の方程式はラプラスの方程式となるので

$$\frac{d^2\phi}{dx^2} = 0 \quad (x = 0) \tag{5.10}$$

すると，式 (5.10) は式 (5.9) に相反するので，電荷 q が静止した状態を保つことはできないことがわかる．

　以上のことを 3 次元問題に拡張すると，原点が安定な平衡点であるためには次式が成立する必要があるということになる．

$$\frac{\partial^2 U}{\partial x^2} > 0, \quad \frac{\partial^2 U}{\partial y^2} > 0, \quad \frac{\partial^2 U}{\partial z^2} > 0 \quad (\text{平衡点}) \tag{5.11}$$

　ここで，電荷 q 以外のつくる電位を ϕ，電界の強さを E とおけば，$\mathrm{div}\,E = 0$ に $E = -\mathrm{grad}\,\phi$ を代入してラプラスの方程式

$$\nabla^2 \phi = \frac{\partial^2 \phi}{\partial x^2} + \frac{\partial^2 \phi}{\partial y^2} + \frac{\partial^2 \phi}{\partial z^2} = 0 \tag{5.12}$$

が成り立つので

$$\nabla^2 U = \frac{\partial^2 U}{\partial x^2} + \frac{\partial^2 U}{\partial y^2} + \frac{\partial^2 U}{\partial z^2} = 0 \tag{5.13}$$

を得るが，これは式 (5.11) と矛盾する．したがって，静電界において電荷は安定な平衡点をもち得ない，つまり孤立している電荷が他の電荷がつくる電界の中で静止していることはできない．この力学的な安定性に関する結論は，電荷の存在する領域から離れた点における電位は極値をもたないというアーンショーの定理 (Earnshaw's theorem) の拡張になるが，これをさらに発展させたものがブラウンベックの定理である．

　静磁界については，電流の存在しない領域では磁界の強さ H が磁位 ϕ_m を用いて

$$H = -\mathrm{grad}\,\phi_m \tag{5.14}$$

と表されて，$\mathrm{div}\,H = 0$ にこの式を代入すると

$$\nabla^2 \phi_m = 0$$

が成り立つ．したがって静電界と同様の議論となり，永久磁石のみによる系の構成では安定な平衡状態を保つことはできないことがわかる (図 **5.11**)．あえて安定な浮上状態をつくり出すためには，他の付加的な要素が必要となる．

　ここで，ラプラスの方程式の解釈について述べておきたい．ラプラスの方程式の演算子 ∇^2 に対しては，Δ の文字が使われ，ラプラシアン (Laplacian) と読む．1 次元の問題であれば単なる 2 回微分であることから容易に想像できるが，ラプラシアンが 0 でない値をもつということは，図 5.10 に示したようにその対象となる関数が極値をもつことを意味する．たとえば正の電荷が存在すると，その点で電位あるいは静電ポテンシャルエネルギーは山の頂上の形状を

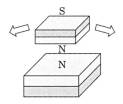

図 5.11　永久磁石だけの系は安定な平衡点をもたない

もつことになる．見方を変えれば，点電荷の存在する場所の電位の値と，その近傍の点における電位の平均値に違いがあれば，電荷が存在することを意味するのである．

　3 次元の問題についても同様であり，図 5.12 においては中央の点においてポテンシャルが谷の最低部となっているので，ラプアシアンが正の値をもつことがわかる．これは，中央の点におけるポテンシャルの値が，近傍におけるポテンシャルの値の平均値よりも小さくなっていることに等しい．正の点電荷がある場合はラプラシアンが負の値となり，点電荷のあるところでポテンシャルは山の頂点をもつ．またラプラシアンが 0 であればそのような凹凸は存在せずに，ポテンシャルの値は単調に減少あるいは増大することを意味する．

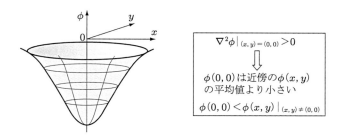

$$\nabla^2 \phi \big|_{(x,y)=(0,0)} > 0$$

$\phi(0,0)$ は近傍の $\phi(x,y)$ の平均値より小さい

$$\phi(0,0) < \phi(x,y) \big|_{(x,y) \neq (0,0)}$$

図 5.12　ラプラシアンの物理的な意味

5.2　制御系設計のための数式表現

　アクチュエータの出す力あるいは速度を制御する場合に，開ループ制御で済む場合と閉ループ制御でないといけない場合がある．開ループ制御は制御対象の特性が不変で，かつ外乱 (disturbance) がない場合には所望の性能を発揮できるが，現実

にはそのような状況を期待することはきわめて難しい．また，電磁石によるつり下げを行うような不安定系の場合は，もちろん開ループ制御は不可能である．一定の精度をもつ入出力特性が必要な場合や不安定系の場合は，閉ループ制御によって安定で制御性能に優れた系を構築しなければならない．

制御系設計に用いる系のダイナミクスの数学的な表現法として，ラプラス変換を用いた伝達関数による方法および時間領域での状態空間表現と呼ばれる方法がある．

まず伝達関数表現では対象の微分方程式をラプラス変換して，入力 $U(s)$ と出力 $Y(s)$ の関係がたとえば次式で表される．

$$Y(s) = \frac{K(s-z_1)(s-z_2)\cdots(s-z_m)}{(s-p_1)(s-p_2)\cdots(s-p_n)}U(s) = G(s)U(s) \tag{5.15}$$

ただし K は定数であり，$z_1,\cdots,z_m$ は零点 (zero)，$p_1,\cdots,p_m$ は極 (pole) と呼ばれる．一方，状態空間表現では対象の微分方程式を一定の形に整理して，入力 $u(t)$ と出力 $y(t)$ の関係が

$$\dot{x} = Ax + bu$$
$$y = cx \tag{5.16}$$

と表される．変数 x は系の状態変数からなる状態ベクトル (state vector) である．制御系の設計では制御対象をたいていの場合，このいずれかの方法で数式表現し，それを基にしてコントローラを組み込んだ閉ループ制御系について，設計者が望むダイナミクスとなるようにコントローラを数学的に求めることになる．

5.3 吸引形磁気浮上系の制御 ●━━━━━━━━━━━━━

磁気吸引力の制御を行うことを考えると，時間的に磁束が変化することになるので，実際の鉄心は成層構造をもたせなければ第 2 章で学んだように鉄心にうず電流が流れてうず電流損が生じる．このとき，図 **5.13** に示す吸引形磁気浮上系について，第 4 章で示したように以下の方程式が成り立つ．

$$M\frac{d^2x}{dt^2} + \frac{\mu_0 AN^2}{4x^2}i^2 - Mg = 0 \tag{5.17}$$

$$v = Ri + \frac{d}{dt}\big\{(L_{\mathrm{main}}(x) + L_l)\,i\big\} \tag{5.18}$$

（参考） ラプラス変換

系の変数 $f(t)$ を次式で与えられるラプラス積分によって複素変数 $F(s)$ に変換する.

$$F(s) = \int_0^\infty f(t)e^{-st}dt$$

これをラプラス変換といい，たとえば演算子表記を $F(s) = \mathcal{L}\{f(t)\}$ のように書くが，時間 t の表現は複素数 s での表現に変換されることになる．さらに微分方程式全体を $f(t)$ と見て変換すれば，時間に関する微分方程式が s に関する代数方程式となる．つまり，与えられたシステムを表現する微分方程式が u を入力，y を出力として

$$a_n \frac{d^n y}{dt^n} + a_{n-1} \frac{d^{n-1} y}{dt^{n-1}} + \cdots + a_1 \frac{dy}{dt} + a_0 = b_m \frac{d^m u}{dt^m} + \cdots + b_1 \frac{du}{dt} + b_0$$

が成立しているとき，変数の初期値を0とおくと，

$$\frac{\mathcal{L}\{y(t)\}}{\mathcal{L}\{u(t)\}} = \frac{b_m s^m + b_{m-1} s^{m-1} + \cdots + b_0}{a_n s^n + a_{n-1} s^{n-1} + \cdots + b_0} = \frac{K(s-z_1)(s-z_2)\cdots(s-z_m)}{(s-p_1)(s-p_2)\cdots(s-p_n)}$$

となって，入出力の関係が多項式の分数として表される．この入出力比を伝達関数と呼び，系の出力は伝達関数に入力を乗じて得られるという好都合な性質をもつことになる．

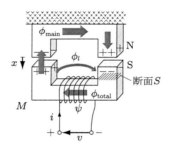

図 5.13 吸引形磁気浮上系

ただし

$$L_{\mathrm{main}}(x) = \frac{\mu_0 S N^2}{2x}$$

図中には鉄心が一様に磁化していると仮定したときの磁荷 ($\pm$) および磁極 (N, S) を示している．ここで，式 (5.18) の右辺第2項については，インダクタンスと電流の双方が時間的に変化することになるために

$$\frac{d}{dt}\left\{(L_{\mathrm{main}}(x) + L_l)\,i\right\} = (L_{\mathrm{main}}(x) + L_l)\frac{di}{dt} - \frac{L_{\mathrm{main}}(x)}{x}\,i\,\frac{dx}{dt}$$

と変形できる．

ただし，M：つり下げ部の質量，i：電流，S：ギャップにおける鉄心面の断面積，N：コイルの巻数，v：コイルの印加電圧，$L_{\mathrm{main}}(x)$：主磁束に対応する自己インダクタンス，L_l：漏れインダクタンス.

以上の式をブロック線図として表すと図 **5.14** を得る．なお，本章における例題の数値シミュレーションでは制御対象モデルのブロック線図としてこれを用いている．

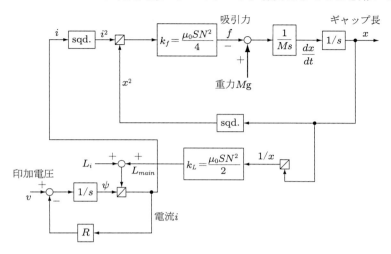

図 **5.14** 吸引型磁気浮上系のブロック線図

線形制御理論によりコントローラを設計する場合，非線形のダイナミクスは線形化する必要があるが，線形化はいわゆる平衡点 (equilibrium point) で行うことになる．制御が良好に動いているとすれば，それは系の状態量が平衡点のごく近傍で変化していることを意味し，したがって非線形情報は基本的に必要ではない．そこで，電磁石の定常の吸引力と重力の平衡を保たせるギャップ長，およびそのときの電磁石の電流と印加電圧を

$$x_0 \quad [\mathrm{m}], \qquad i_0 \quad [\mathrm{A}], \qquad v_0 \quad [\mathrm{V}]$$

とおこう．平衡点からのこれらの量の変動はわずかであると仮定して，

$$x = x_0 + \Delta x, \quad i = i_0 + \Delta i, \quad v = v_0 + \Delta v \tag{5.19}$$

とおける．支配方程式の各項について線形化するに当り，2 次以上の微小項を無視して計算すれば以下のようになる．

$$\frac{\mu_0 S N^2}{4x^2} i^2 = k_f \frac{i^2}{x^2}$$

$$\cong k_f \frac{i^2}{x^2}\bigg|_{x_0,i_0} + \frac{\partial}{\partial i}\left(k_f \frac{i^2}{x^2}\right)\bigg|_{x_0,i_0} \Delta i + \frac{\partial}{\partial x}\left(k_f \frac{i^2}{x^2}\right)\bigg|_{x_0,i_0} \Delta x$$

$$= k_f \frac{i_0^2}{x_0^2} + 2k_f \frac{i_0}{x_0^2}\Delta i - 2k_f \frac{i_0^2}{x_0^3}\Delta x$$

$$\left\{L_{\mathrm{main}}(x) + L_l\right\}\frac{di}{dt} = \left(\frac{k_L}{x} + L_l\right)\frac{di}{dt} \cong \left(\frac{k_L}{x_0} + L_l\right)\frac{d\Delta i}{dt}$$

$$\frac{L_{\mathrm{main}}(x)}{x}i\frac{dx}{dt} = k_L\frac{i}{x^2}\frac{d\Delta x}{dt} \cong k_L\frac{i_0}{x_0^2}\frac{d\Delta x}{dt}$$

ただし

$$k_f = \frac{\mu_0 S N^2}{4}, \quad k_L = 2k_f$$

以上により線形化した支配方程式として次式を得る.

$$M\frac{d^2\Delta x}{dt^2} + k_f\frac{i_0^2}{x_0^2} + 2k_f\frac{i_0}{x_0^2}\Delta i - 2k_f\frac{i_0^2}{x_0^3}\Delta x - Mg = 0 \tag{5.20}$$

$$v_0 + \Delta v = Ri_0 + R\Delta i + \left(\frac{k_L}{x_0} + L_l\right)\frac{d\Delta i}{dt} - k_L\frac{i_0}{x_0^2}\frac{d\Delta x}{dt} \tag{5.21}$$

この式の定常分が平衡点での方程式であり

$$k_f\frac{i_0^2}{x_0^2} - Mg = 0 \tag{5.22}$$

$$v_0 = Ri_0$$

が成り立ち，摂動分の式としては次式を得る.

$$M\frac{d^2\Delta x}{dt^2} + 2k_f\frac{i_0}{x_0^2}\Delta i - K_m\Delta x = 0$$

$$\Delta v = R\Delta i + L\frac{d\Delta i}{dt} - k_L\frac{i_0}{x_0^2}\frac{d\Delta x}{dt} \tag{5.23}$$

ただし，$K_m = 2k_f\dfrac{i_0^2}{x_0^3}$ （電流一定時の電磁ばね），

$L = \dfrac{k_L}{x_0} + L_l$ （自己インダクタンス）.

ここで変数名を変えて

$$x_1 = \Delta x, \qquad x_2 = \frac{d\Delta x}{dt}, \qquad x_3 = \Delta i \tag{5.24}$$

とおき状態方程式としてまとめれば次式となる.

$$\frac{dx_1}{dt} = x_2$$

$$\frac{dx_2}{dt} = \frac{K_m}{M}x_1 - \frac{K_m x_0}{M i_0}x_3 \tag{5.25}$$

$$\frac{dx_3}{dt} = \frac{k_L i_0}{x_0^2 L}x_2 - \frac{R}{L}x_3 + \frac{1}{L}\Delta v$$

すなわち，電磁石の印加電圧の摂動分を入力とする磁気浮上系の状態方程式として

$$\frac{dx}{dt} = Ax + bu \tag{5.26}$$

を得る.

ただし,

$$x = \begin{pmatrix} x_1 & x_2 & x_3 \end{pmatrix}^T, \quad u = \Delta v \tag{5.27}$$

$$A = \begin{pmatrix} 0 & 1 & 0 \\ a_{21} & 0 & -a_{23} \\ 0 & a_{32} & -a_{33} \end{pmatrix}, \quad b = \begin{pmatrix} 0 \\ 0 \\ b_3 \end{pmatrix} \tag{5.28}$$

$$a_{21} = 2\frac{k_f}{M}\frac{i_0^2}{x_0^3}, \quad a_{23} = 2\frac{k_f}{M}\frac{i_0}{x_0^2}$$

$$a_{32} = \frac{k_L i_0}{x_0^2\left(\dfrac{k_L}{x_0} + L_l\right)}, \quad a_{33} = \frac{R}{\dfrac{k_L}{x_0} + L_l}, \quad b_3 = \frac{1}{\dfrac{k_L}{x_0} + L_l}$$

式 (5.26) で表される線形化された系のブロック線図を図 **5.15** に示す.

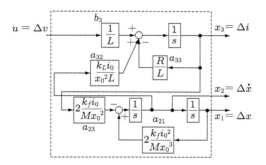

図 **5.15**　線形化したモデルにおける摂動分のダイナミクス

さて, 制御目的は系の状態を目標の平衡点に安定に保つことであるが, 系の特性方程式は次式のように求められる.

$$\det(sI - A) = \begin{vmatrix} s & -1 & 0 \\ -a_{21} & s & a_{23} \\ 0 & -a_{32} & s + a_{33} \end{vmatrix} = s^3 + a_{33}s^2 + (a_{23}a_{32} - a_{21})s - a_{21}a_{33}$$

$$= s^3 + a_1 s^2 + a_2 s + a_3 \tag{5.29}$$

ただし, $a_1 = a_{33}$, $a_2 = a_{23}a_{32} - a_{21}$, $a_3 = -a_{21}a_{33}$.

　ここで，$a_{11} \sim a_{33}$ の定数はすべて正の値であり，3 次と 2 次の項の係数は正の値であるが，0 次の項の係数は負の値なので，この特性多項式はフルビッツ多項式とならないことがわかり，ゆえに平衡点は不安定であることが定量的にもあきらかとなる．

例題 5.1　目標ギャップを 5 mm とする可動質量 $M = 0.925$ kg，吸引力の係数 $k_f = \mu_0 S N^2 / 4 = 6.25 \times 10^{-5}$ Nm^2/A^2，コイルの電気抵抗 $R = 3.81\ \Omega$，漏れインダクタンスが $L_l = 0.025$ H の磁気浮上系がある．制御対象の極を求めよ．

[解]　$k_L = 2k_f = 1.25 \times 10^{-4}$　　[Hm]

$$k_f \frac{i_0^2}{x_0^2} - Mg = 0$$

より，

$$i_0 = \sqrt{\frac{Mg}{k_f}} \cdot x_0 = \sqrt{\frac{0.925 \times 9.8}{6.25 \times 10^{-5}}} \times 5 \times 10^{-3} = 1.904 \qquad [\text{A}]$$

$$a_{21} = 2 \times \frac{6.25 \times 10^{-5}}{0.925} \times \frac{1.904^2}{0.005^3} = 3919$$

$$a_{23} = 2 \times \frac{6.25 \times 10^{-5}}{0.925} \times \frac{1.904}{0.005^2} = 10.29$$

$$a_{32} = \frac{1.25 \times 10^{-4} \times 1.904}{0.005^2 \times (1.25 \times 10^{-4}/0.005 + 0.025)} = 190.4$$

$$a_{33} = \frac{3.81}{1.25 \times 10^{-4}/0.005 + 0.025} = 76.2$$

$$b_3 = \frac{1}{1.25 \times 10^{-4}/0.005 + 0.025} = 20.0$$

したがって行列 A の固有方程式は，

$$\det(\lambda I - A) = \lambda^3 + 76.2\lambda^2 - 1960\lambda - 2.99 \times 10^5 \tag{5.30}$$

で与えられ，その固有値すなわち制御対象の極は，

$$\lambda_1 = 55.6, \quad \lambda_2, \lambda_3 = -65.9 \pm j32.0$$

となり，複素平面に描けば図 **5.16** のようになる．不安定極 λ_1 が虚軸から比較的に離れた場所にあり，系のモードとしては $\exp(\lambda_1 t)$ を含むことになるので状態量が非常に速く発散することになり，したがって不安定性の強い系であることがわかる．

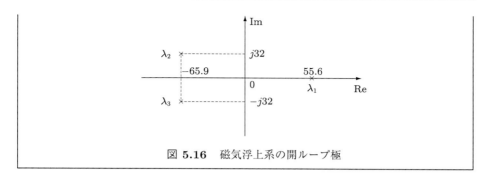

図 **5.16**　磁気浮上系の開ループ極

5.3.1　コントローラの設計

　制御対象が不安定な系であるので，状態量としてある初期値を与えた場合には制御を行わないと平衡点に向かおうとせず，たとえば図 **5.17** の実線の軌道に示すように遠方に発散する．これを制御により破線で示すような軌道に乗るように原点にもっていくのがコントローラの役割である．

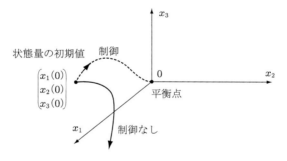

図 **5.17**　状態空間での制御のイメージ

　ここでは，状態を決まった平衡点に戻すという定値制御 (fixed command control) を考えるが，その場合の制御系はレギュレータ (regulator) と呼ばれる．一方，目標値が変化する場合の制御は追従制御 (follow-up control) と呼ばれる．

　状態方程式を用いた制御手法の基本は状態フィードバック制御 (state feedback control) を用いることであるが，制御系設計の最初に確認すべきこととして制御入力 (control input) によって状態量が思い通りに動かせるかどうかということである．これを調べるためには与えられた状態方程式

$$\frac{dx}{dt} = Ax + bu \tag{5.31}$$

が可制御性 (controllability) の条件をみたすことを確認すればよい．すなわち可制

御であれば制御入力 u によって状態量 x を任意の場所に到達させることができる．そこで，可制御性行列 (controllability matrix) をつくり，n を系の次数とし

$$V_c = (b \ \ Ab \ \ A^2b \cdots A^{n-1}b) \tag{5.32}$$

としてフルランク，すなわち，

$$\det V_c \neq 0 \tag{5.33}$$

であれば可制御であると判断できる．

磁気浮上系について適用してみると以下のようになる．

$$Ab = \begin{pmatrix} 0 & 1 & 0 \\ a_{21} & 0 & -a_{23} \\ 0 & a_{32} & -a_{33} \end{pmatrix} \begin{pmatrix} 0 \\ 0 \\ b_3 \end{pmatrix} = \begin{pmatrix} 0 \\ -a_{23}b_3 \\ -a_{33}b_3 \end{pmatrix}$$

$$A^2b = \begin{pmatrix} 0 & 1 & 0 \\ a_{21} & 0 & -a_{23} \\ 0 & a_{32} & -a_{33} \end{pmatrix} \begin{pmatrix} 0 \\ -a_{23}b_3 \\ -a_{33}b_3 \end{pmatrix} = \begin{pmatrix} -a_{23}b_3 \\ a_{23}a_{33}b_3 \\ -a_{32}a_{23}b_3 + a_{33}^2b_3 \end{pmatrix}$$

となるので，可制御性行列の行列式は，

$$\det V_c = \begin{vmatrix} 0 & 0 & -a_{23}b_3 \\ 0 & -a_{23}b_3 & a_{23}a_{33}b_3 \\ b_3 & -a_{33}b_3 & -a_{32}a_{23}b_3 + a_{33}^2b_3 \end{vmatrix} = -a_{23}^2 b_3^3 \neq 0 \tag{5.34}$$

となる．したがって，磁気浮上系は制御入力である電圧を用いて，任意の初期状態から状態空間の原点に状態量を移動させることができることがわかる．

線形近似モデルを用いる限り，動作範囲はきわめて限定されるものの，追従制御系を設計することも可能であるが，ここでは目標ギャップが一定値とした状態フィードバックによる定値制御を考える．制御入力は，フィードバックゲインを横ベクトル k として，

$$u = -kx \tag{5.35}$$

で与えられ，このフィードバックゲインベクトル k をいかに決定するかにより，種々の方法がある．図 **5.18** は状態フィードバック制御のブロック線図を示しているが，同図 (a) はフィードバックゲインの決定に用いる線形化した系のブロック線図，同図 (b) は式 (5.17) と式 (5.18) で表される制御対象のブロック線図である．

そこで，式 (5.35) を式 (5.31) に代入すると，

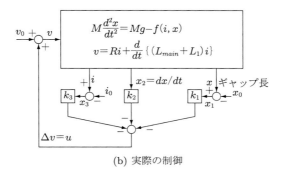

(a) 線形化した摂動部分の制御（ただし，図中の x は状態ベクトル）

(b) 実際の制御

図 **5.18** 状態フィードバック制御

$$\dot{x} = (A - bk)x \tag{5.36}$$

を得る．先に示した可制御性により行列 $A - bk$ の固有値，すなわち閉ループ系の極はフィードバックゲイン k により任意に設定することができる．代表的なフィードバックゲイン k の決定法としては，極配置による方法や最適レギュレータ理論があるが，それらについて簡単に述べよう．

（1）　極配置による設計法

所望の n 個の極を $p_1, p_2, \cdots, p_n$ とすれば，特性方程式が，

$$D_d(s) = (s - p_1)(s - p_2) \cdots (s - p_n) = s^n + d_1 s^{n-1} + d_2 s + \cdots + d_n \tag{5.37}$$

で与えられることになる．閉ループ系の特性方程式がこれに等しくなるようにフィードバックゲイン k を決定すれば，制御系は最初に設定した所望の極に従う動きをすることになる．すなわち，次式によってゲインを決定する．

$$\det(sI - A + bk) = D_d(s) \tag{5.38}$$

ここで，フィードバックゲインを

$$k = (k_1 \ \ k_2 \ \ \cdots \ \ k_n) \tag{5.39}$$

とおく．ただし，一般には式 (5.38) の計算を容易にするために，制御対象を可制御

正準形 (controllable canonical form) に変換することも行われるが，ここでは系の
次数が低いのでそのままの形で計算を行うことにする．

（2）　線形 2 次形式最適レギュレータ理論による設計法

最適制御の評価関数を

$$J = \int_0^\infty (x^T Q x + r u^2)\, dt \tag{5.40}$$

として，状態量の変動 x の重み行列 Q と入力 u の大きさについての重み r を与え
て，この評価関数の値が小さくなるような制御入力を決定する方法を**線形 2 次形式
最適制御** (linear quadratic optimal control) あるいは **LQ 制御**と呼ぶ．ただし，Q
は正定対称行列，r は正の実数である．この問題の解としての状態フィードバック
ゲインは，

$$k = \frac{1}{r} b^T P \tag{5.41}$$

により与えられるが，行列 P は次の**リカッチ方程式** (Riccati equation)

$$A^T P + P A - \frac{1}{r} P b b^T P = -Q \tag{5.42}$$

を満足する正定対称行列である．

以上の二つの設計法について数値例を示し具体的な検討を行うことにしよう．

例題 5.2　本節の数値例を用いて，閉ループ極を $(-50 \pm j20,\ -60)$ とするよう
なフィードバックゲインを決定せよ．

[解]　所望の閉ループ極による特性多項式を $D_d(s)$ とおけば，次式が得られる．

$$D_d(s) = (s - p_1)(s - p_2)(s - p_3) = (s + 50 + j20)(s + 50 - j20)(s + 60)$$

$$= s^3 + 160 s^2 + 8900 s + 174000 = s^3 + d_1 s^2 + d_2 s + d_3$$

一方，閉ループの特性方程式は，

$$\det(sI - A + bk) = \begin{vmatrix} s & -1 & 0 \\ -a_{21} & s & a_{23} \\ b_3 k_1 & -a_{32} + b_3 k_2 & s + a_{33} + b_3 k_3 \end{vmatrix}$$

$$= s^3 + (a_{33} + b_3 k_3) s^2 - a_{23}(-a_{32} + b_3 k_2) s - a_{21} s$$

$$- a_{23} b_3 k_1 - a_{21}(a_{33} + b_3 k_3)$$

となるので，両者の特性方程式が等しくなるようにフィードバックゲインを選ぶ．ま
ず d_1 について計算すると，

$$d_1 = a_{33} + b_3 k_3$$

によって，$k_3 = 4.19$ を得る．d_2 については，

$$d_2 = -a_{23}(-a_{32} + b_3k_2) - a_{21}$$

から $k_2 = -52.8$ となる．最後に，

$$d_3 = -a_{23}b_3k_1 - a_{21}(a_{33} + b_3k_3)$$

を計算すると，$k_1 = -3892$ を得る．

　求めたフィードバックゲインによるシミュレーション結果を図 **5.19** に示す．

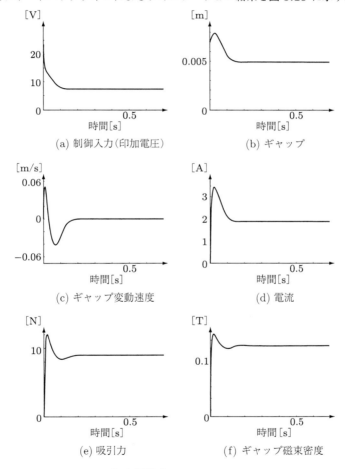

(a) 制御入力（印加電圧）　　　　　　(b) ギャップ

(c) ギャップ変動速度　　　　　　(d) 電流

(e) 吸引力　　　　　　(f) ギャップ磁束密度

図 **5.19**　極配置設計によるシミュレーション
（閉ループ極 $(-50 \pm j20, -60)$）

　初期の設定ギャップは，目標ギャップの 5 mm から 2 mm だけずれた 7 mm の大きさとしている．制御系はこのギャップを目標値に合わせようと，状態フィードバックによって決まる制御入力，すなわち入力電圧を初期には 23 V 程度としている．しか

し，それでも同図 (d) に示すように電流はインダクタンスのために瞬間的には増加できないために，吸引力が起動時には十分ではない (同図 (e))．したがって，ギャップは初期値から瞬間的にさらに若干増えてしまうが，すぐに電流が増加して重力 (= 9.06 N) よりも約 3 N 大きめの，約 12 N の吸引力が出力されて目標のギャップに向かって動くことになる．電圧は定常値に比べて非常に大きな値が起動時に要求されるが，これはインダクタンスの逆起電力に打ち勝って所望の電流を出力するためである．実際の運転では過度の電源の余裕は不経済であるが，最大要求電圧を下げるためには，たとえばギャップを保持するための何らかのスペーサを利用して制御を開始し，その後でスペーサを取り去るなどの工夫により回避できるであろう．また，ギャップにおける磁束密度は，

$$B = \frac{L_{\mathrm{main}}i}{NS} \qquad [\mathrm{T}]$$

によって求められるが，これを同図 (f) に示している．ただし，磁束密度は 0.1 T 強という小さな値であるが，これはコイルの許容電流すなわち温度上昇に余裕がある限り，つり下げ質量の大きさに余裕があることを意味している．

さて，最適レギュレータの設計計算には手計算では多少面倒なリカッチ方程式を含むが，計算の意味をまず多少ともつかむ目的で，例題で 1 次系の設計をしてみよう．

例題 5.3　次の状態方程式

$$\frac{dx}{dt} = 2x + u \tag{5.43}$$

によって表される系の最適レギュレータを，評価関数の状態量に関する重み q を 10，制御入力に関する重み r を 1 として設計せよ．さらに，閉ループ系の評価関数を計算して，状態量に関する項と制御入力に関する項の比を求めよ．

[解]　リカッチ方程式の解を p とおけば式 (5.42) より次式を得る．

$$4p + 10 - p^2 = 0 \tag{5.44}$$

すなわち，

$$p^2 - 4p - 10 = (p - 2 - \sqrt{14})(p - 2 + \sqrt{14}) = 0$$

ここで，解 p は正の値でなければならないので，

$$p = 2 + \sqrt{14}$$

したがって，式 (5.41) よりフィードバックゲインとして，

$$k = p = 2 + \sqrt{14} \tag{5.45}$$

を得る．この解が果たして安定な閉ループ系をつくるかどうかを，値を代入して確認してみよう．

$$u = -kx = -(2 + \sqrt{14})x \tag{5.46}$$

であるから，これを状態方程式に代入すると，

$$\frac{dx}{dt} = 2x + u = 2x - (2 + \sqrt{14})x = -\sqrt{14}x \tag{5.47}$$

となって，状態量 x は時間の経過にしたがって原点 0 に向かう，すなわち安定な極 $(= -\sqrt{14})$ をもつ制御系を得る (図 **5.20**).

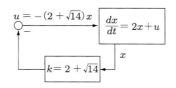

図 **5.20** 最適レギュレータの適用

初期値を x_0 とおけば閉ループ系の状態量は式 (5.47) より，

$$x = x_0 e^{-\sqrt{14}t}$$

ゆえに評価関数は，

$$
\begin{aligned}
J &= \int_0^\infty (qx^2 + ru^2)dt = \int_0^\infty (qx^2 + rk^2x^2)dt \\
&= \int_0^\infty \left(10x^2 + (2+\sqrt{14})^2x^2\right)dt \cong 10x_0^2 \int_0^\infty e^{-2\sqrt{14}t}\,dt \\
&\quad + 33x_0^2 \int_0^\infty e^{-2\sqrt{14}t}dt = \frac{x_0^2}{2\sqrt{14}}(10 + 33)
\end{aligned}
$$

すなわち，制御系の評価の割合は状態量に関する項が 10，制御入力に関する項が 33 の比となっていることがわかる.

例題 **5.4** 本節の磁気浮上の数値例を用いて重み Q と r を

$$
Q = \begin{pmatrix} 10 & 0 & 0 \\ 0 & 10 & 0 \\ 0 & 0 & 10 \end{pmatrix}, \quad r = 1 \tag{5.48}
$$

としたときのフィードバックゲインを決定せよ.

[解] リカッチ方程式を解くには，たとえばクラインマンの方法や有本-ポッターによる方法などを用いて計算を行うことになる. 後者の方法を用いると，系が 3 次であることから 6 次のハミルトン行列の固有値を求めることから始めなければならない. 少々の計算を行うと，リカッチ方程式の正定対称解として，

$$P = \begin{pmatrix} 3.06 \times 10^5 & 4.49 \times 10^3 & -2.96 \times 10^2 \\ 4.49 \times 10^3 & 65.9 & -4.29 \\ -2.96 \times 10^2 & -4.29 & 0.340 \end{pmatrix}$$

を得る．なお，これが対称行列であることは明らかであるが，正定行列であることは，主座小行列式の値を求めてシルベスタの判定法を用いれば確認できる．フィードバックゲインはしたがって，

$$k = r^{-1}b^T P = (\,0\quad 0\quad 20\,) \begin{pmatrix} 3.06 \times 10^5 & 4.49 \times 10^3 & -2.96 \times 10^2 \\ 4.49 \times 10^3 & 65.9 & -4.29 \\ -2.96 \times 10^2 & -4.29 & 0.340 \end{pmatrix}$$

$$= (\,-5929\quad -85.7\quad 6.81\,)$$

となる．ちなみに閉ループ極 p は，

$$\det(sI - A + bk) = 0 \tag{5.49}$$

を解いて求められ，

$$p = (-78.1 \pm j28.5,\ -56.1) \tag{5.50}$$

を得る．この極は与えられた評価関数を最小にするものであるが，例題 5.2 に比べて極が左半面において虚軸から若干離れているので，図 **5.21** に示すようにより速い応答のものとなる．

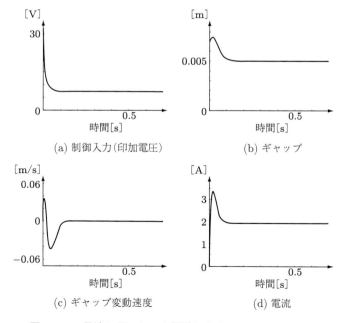

(a) 制御入力(印加電圧)

(b) ギャップ

(c) ギャップ変動速度

(d) 電流

図 **5.21**   最適レギュレータ設計によるシミュレーション
(閉ループ極 $(-78.1 \pm j28.5,\ -56.1)$)

5.3.2 オブザーバの設計

　状態フィードバック制御を用いれば，ギャップの変動分，その速度，およびコイル電流の変動分の三つを検出・演算して，それを基に制御入力を求めることになる．しかし，一般に電流センサのコストは低いが，ギャップセンサは高く，かつ信号を取り出すための設置も少々面倒である．そこで，観測出力としては電流のみを検出して，残りの信号はオブザーバ (observer) により推定する方法も考えられる．オブザーバの設計で最初に確認しなければならないのは，可観測性が成り立つような観測出力でなければならないことである．つまり，検出信号に推定すべき状態量の情報が含まれている必要がある．**可観測性行列** (observability matrix) は，

$$V_o = \begin{pmatrix} c \\ cA \\ cA^2 \\ \vdots \\ cA^{n-1} \end{pmatrix} \tag{5.51}$$

で定義され，

$$\det V_o \neq 0 \tag{5.52}$$

が**可観測性** (observability) の条件である．

　オブザーバにも種々のものがあるが，ここで紹介するのはオブザーバの基本形式である**同一次元オブザーバ** (identity observer) と呼ばれるもので，状態量の推定値を $\tilde{x}$，出力を $\tilde{y}$，およびフィードバックゲインを l とおいて次式で与えられる．

$$\dot{\tilde{x}} = A\tilde{x} + bu + l(y - \tilde{y})$$
$$\tilde{y} = c\tilde{x} \tag{5.53}$$

　ここでフィードバックゲインベクトル l の意義について考えてみよう．制御対象は，

$$\dot{x} = Ax + bu$$
$$y = cx \tag{5.54}$$

で与えられるが，オブザーバの推定誤差ベクトルとして，

$$e = x - \tilde{x} \tag{5.55}$$

とおけば，式 (5.53) と式 (5.54) より誤差ベクトルのダイナミクスとして，

$$\dot{e} = \dot{x} - \dot{\tilde{x}} = (Ax + bu) - \{A\tilde{x} + bu + l(y - \tilde{y})\}$$

$$= (A - lc)e \tag{5.56}$$

を得る．フィードバックゲイン l がない場合のオブザーバの推定性能は制御対象の
ダイナミクスを表す行列 A の固有値に支配されてしまう．しかし，フィードバッ
クゲインにより行列は $A - lc$ と修正されて l によって行列の固有値が可変となり，
したがって推定誤差の収束の速さを指定することができる．ただし，l による行列
$A - lc$ の固有値指定の可能性は可観測性により保障される．

　この式は状態フィードバック制御を行ったときの閉ループ系の状態方程式に類似
の形をもつことに注意すれば，状態フィードバック制御とまったく同様な極配置問
題となることがわかる．この場合，可観測性が成り立てば行列の固有値つまりオブ
ザーバの極は，フィードバックゲインにより任意に設定することができる．所望の
n 個の極を $p_1, p_2, \cdots, p_n$ とおいた場合，その特性方程式は，

$$D_d(s) = (s - p_1)(s - p_2)\cdots(s - p_n) = s^n + d_1 s^{n-1} + d_2 s + \cdots + d_n \tag{5.57}$$

で与えられることになるが，オブザーバの特性方程式がこれに等しくなるように
フィードバックゲインを決定しなければならない．すなわち，

$$\det(sI - A + lc) = D_d(s) \tag{5.58}$$

がオブザーバの設計計算式である．ただし，ここで扱っている磁気浮上系の次数は
$n = 3$ である．一般の系について次数が高くなった場合には設計計算式の形が煩雑
となるが，その場合は制御対象の**可観測正準形** (observable canonical form) を求め
て計算を簡単にする方法が用いられる．

例題 5.5　本章の数値例を用いて，オブザーバの閉ループ極を $(-300, -350 + j100, -350 - j100)$ と $(-40, -50, -60)$ の二つの場合についてフィードバック
ゲインを決定し性能を比較せよ．ただし，観測出力は電流とし，

$$y = cx = \begin{pmatrix} 0 & 0 & 1 \end{pmatrix} x \tag{5.59}$$

とする．

［解］　可観測性はオブザーバの極が指定可能となる必須条件である．可観測性行列は，

$$V_o = \begin{pmatrix} c \\ cA \\ cA^2 \end{pmatrix} = \begin{pmatrix} 0 & 0 & 1 \\ 0 & a_{32} & -a_{33} \\ a_{32}a_{21} & -a_{33}a_{32} & -a_{32}a_{23} + a_{33}^2 \end{pmatrix} \tag{5.60}$$

で与えられるが，

$$\det V_o = -a_{21}a_{32}^2$$

となるので可観測である．フィードバックゲインを $l = (l_1 \ l_2 \ l_3)^T$ とおいて特性方程式を計算すると次式を得る．

$$\det(sI - A + lc) = \begin{vmatrix} s & -1 & l_1 \\ -3919 & s & 10.29 + l_2 \\ 0 & -190.4 & s + 76.2 + l_3 \end{vmatrix}$$

$$= s^3 + (76.2 + l_3)s^2 + (1959 - 3919 + 190.4l_2)s$$

$$+ 0.746 \times 10^6 l_1 - 3919l_3 - 2.99 \times 10^5$$

一方，所望のダイナミクスを表現する特性方程式は，最初の指定極について，

$$D_d(s) = (s - p_1)(s - p_2)(s - p_3) = (s + 300)(s + 350 + j100)(s + 350 - j100)$$

$$= s^3 + 1000s^2 + 3.45 \times 10^5 s + 3.98 \times 10^7 = s^3 + d_1 s^2 + d_2 s + d_3$$

となって，もう一つの指定極については，

$$D_d(s) = (s - p_1)(s - p_2)(s - p_3) = (s + 40)(s + 50)(s + 60)$$

$$= s^3 + 150s^2 + 7400s + 1.200 \times 10^5 = s^3 + d_1 s^2 + d_2 s + d_3$$

となり，フィードバックゲインベクトルはそれぞれの場合について，$l = (58.6 \ 1.822 \times 10^3 \ 924)^T$ および $l = (0.949 \ 49.2 \ 73.8)^T$ を得る．

状態オブザーバの性能をみるために用いたブロック線図を図 **5.22**，シミュレーション結果を図 **5.23** と図 **5.24** に示す．コントローラのゲインには $k = (-2236, -28.5, 1.690)$ を用い，シミュレーションにおける初期値を

$$\psi(0) = 0.12 \ \text{Wb}, \qquad x_1(0) = \tilde{x}_1(0) = 0.002 \ \text{m}, \qquad \tilde{x}_3(0) = 1.0 \ \text{A}$$

として計算を行った．

初期磁束鎖交数を与えたことは初期電流を与えたことになるが，それはスペーサをギャップに挿入して制御を開始したような状況を想定していることになる．正確には $\psi(0) = 0.115 \ \text{Wb}$，$i(0) = 0.76 \ \text{A}$ とすべきところであるが，誤差をもたせて 0.12 Wb を初期値として与えた．オブザーバは出力誤差 $y - \tilde{y} = \Delta i - \Delta \tilde{i}$ を基に推定を行っており，オブザーバの初期値は推定に影響を及ぼす．出力誤差はオブザーバにおける入力となるので，大きな出力誤差が発生した瞬間に推定値は大きく変動する．シミュレーション結果からわかるように，オブザーバの極が虚軸から遠く離れている図 5.23 の場合ではオブザーバの応答が速いが，瞬間的にスパイク状の推定誤差を引き起こしている．一方，極がコントローラの極により近い図 5.24 の場合は，応答は遅くなるが最大の推定誤差が小さくなる．両方の場合について，ある時間が経つとギャップとその変動速度は速やかに真値に近づき妥当な推定をしている．また，制御対象と数学モデルのパラメータに違いがあれば推定値に悪影響を及ぼし，特に出力である電流の推定値に影響を及ぼす電気回路の時定数の計算値に誤差があると推定誤差を助長する傾向があるので注意を要する．実際には電気抵抗がコイルの温度に応じて変わるので，設計には細心の注意が払われる必要がある．

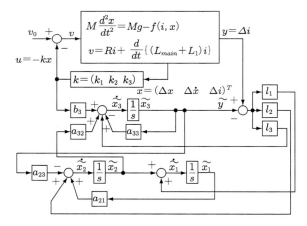

図 **5.22**　状態オブザーバのシミュレーション

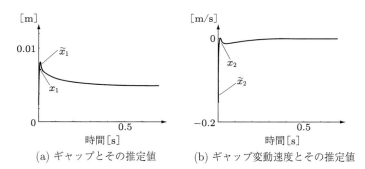

(a) ギャップとその推定値　　　(b) ギャップ変動速度とその推定値

図 **5.23**　状態オブザーバのシミュレーション
$$(\text{極 } (-300, \ -350 + j100, \ -350 - j100))$$

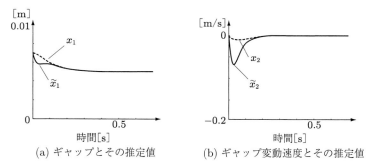

(a) ギャップとその推定値　　　(b) ギャップ変動速度とその推定値

図 **5.24**　状態オブザーバのシミュレーション (極 $(-40, -50, -60)$)

5.3.3　オブザーバ併合制御系の設計

　状態フィードバック制御およびオブザーバの各フィードバックゲインについて，それぞれ極を指定した設計方法を示した．ここでは，これまでの議論を基にした図5.25 に示すような，状態量のフィードバックにオブザーバの推定値を用いるオブザーバ併合制御系を考える．

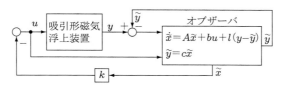

図 5.25　オブザーバ併合フィードバック制御系

　まず，線形表現された制御対象，状態推定値による状態フィードバック制御，およびオブザーバの式がそれぞれ以下のように与えられる．

$$\begin{cases} \dot{x} = Ax + bu \\ y = cx \end{cases} \qquad \text{(線形表現の制御対象)} \tag{5.61}$$

$$u = -k\tilde{x} \qquad \text{(状態フィードバック)} \tag{5.62}$$

$$\begin{cases} \dot{\tilde{x}} = A\tilde{x} + bu + l\left(y - \tilde{y}\right) \\ \tilde{y} = c\tilde{x} \end{cases} \qquad \text{(オブザーバ)} \tag{5.63}$$

したがって，制御対象とオブザーバについてそれぞれ次式を得る．

$$\dot{x} = Ax - bk\tilde{x} \tag{5.64}$$

$$\dot{\tilde{x}} = lcx + (A - bk - lc)\tilde{x} \tag{5.65}$$

　二つの式をまとめると併合系の状態方程式として，

$$\frac{d}{dt}\begin{pmatrix} x \\ \tilde{x} \end{pmatrix} = \begin{pmatrix} A & -bk \\ lc & A - bk - lc \end{pmatrix}\begin{pmatrix} x \\ \tilde{x} \end{pmatrix} \tag{5.66}$$

を得るが，このままでは二つの独立したベクトルのダイナミクスを表すものでしかない．状態量とその推定値がどれだけ近いかを表すダイナミクスを含まなければならないので，制御対象の状態量 x と状態推定誤差 e を併合系の状態量として用いることにしよう．そこで，

$$\begin{pmatrix} x \\ e \end{pmatrix} = \begin{pmatrix} x \\ x - \tilde{x} \end{pmatrix} = \begin{pmatrix} I & 0 \\ I & -I \end{pmatrix} \begin{pmatrix} x \\ \tilde{x} \end{pmatrix} = W \begin{pmatrix} x \\ \tilde{x} \end{pmatrix} \tag{5.67}$$

とおく．ただし，

$$W = \begin{pmatrix} I & 0 \\ I & -I \end{pmatrix}$$

この関係を併合系の式に代入すると

$$\frac{d}{dt} \begin{pmatrix} x \\ e \end{pmatrix} = \begin{pmatrix} A - bk & bk \\ 0 & A - lc \end{pmatrix} \begin{pmatrix} x \\ e \end{pmatrix} \tag{5.68}$$

となって，特性方程式として次式を得る．

$$\det \begin{pmatrix} sI - A + bk & -bk \\ 0 & sI - A + lc \end{pmatrix} \tag{5.69}$$

$$= \det(sI - A + bk) \det(sI - A + lc) = 0$$

すなわち，状態フィードバックゲイン k とオブザーバゲイン l を設計するに当って，それぞれに対応する二つの独立な特性方程式を用いればよいことになる．すなわち，

・ 状態フィードバック制御系の特性方程式:

$$\det(sI - A + bk) = 0 \tag{5.70}$$

・ オブザーバの特性方程式:

$$\det(sI - A + lc) = 0 \tag{5.71}$$

したがって，制御とオブザーバのダイナミクスは独立に考えてよく，それぞれの系が安定であれば併合系も安定となり，双方のゲインは独立に設計が可能であることがわかる．これは制御と観測に関する分離定理 (separation theorem) として知られている．

例題 5.6　例題 5.5 で設計した二種類のオブザーバを用いて，オブザーバ併合制御系を構成せよ．

［解］　図 **5.26** は併合系のブロック線図であり，シミュレーション結果を図 **5.27** と図 **5.28** に示す．

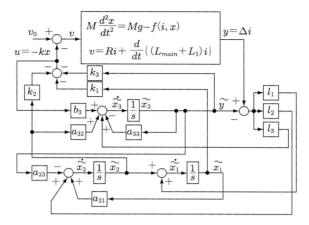

図 5.26　状態オブザーバ併合制御系

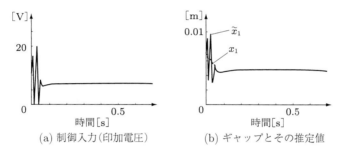

(a) 制御入力(印加電圧)　　　　(b) ギャップとその推定値

図 5.27　オブザーバ併合制御系 (オブザーバの極 $(-350 \pm j100, -300)$)

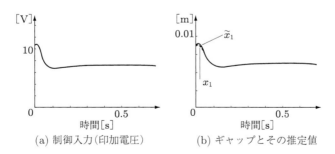

(a) 制御入力(印加電圧)　　　　(b) ギャップとその推定値

図 5.28　オブザーバ併合制御系 (オブザーバの極 $(-40, -50, -60)$)

　Δi にはノイズが混入していることを想定し，フィードバック制御にはオブザーバの推定値 $\tilde{x}_3$ を用いている．すなわち，同一次元オブザーバにローパスフィルタの性質を一般に期待することもできるのである．ギャップと電流の初期値は前のシミュレーションと同様に与えている．コントローラのゲインは制御の閉ループ極を $(-50 \pm j20, -10)$ とするゲイン $k = (-2236, -28.5, 1.690)$ とした．ギャップにスペーサをはさんで制

御を開始することを想定して，磁束鎖交数を 0.115 Wb とし，それに対応するオブザーバの電流変動分の推定値として 0.76 A を与えている．オブザーバの応答が速い図 5.27 の場合は，オブザーバの極が虚数成分をもつということも起因して推定値がスパイク状に変動し，その結果制御入力も変動している．一方で，オブザーバの応答が比較的に遅い図 5.28 の場合は安定した推定値と制御入力となっていることがわかる．

　一般に，オブザーバにセンサの役目をさせる目的では，オブザーバの極は状態フィードバック制御の極よりも，虚軸から離れた位置になければならないといえる．制御対象が吸引形浮上のように非線形性が強い場合は，制御とオブザーバを含むシステムの極の中で虚軸に近いものがあるときに，システムの応答が遅れて線形近似の範囲からずれてしまい，制御の安定性が保証されなくなる可能性も生じる．したがって，前述のスパイク状の誤差を避けるためには，オブザーバの極は慎重に選ぶ必要があり，さらに制御の動きよりもオブザーバの動きが適度に速くなければならない．オブザーバの極の位置と系の初期値は系の安定性を確保する上で重要である．さらに，実際の系では制御対象とモデルの完全な一致を求めることはできないので，特に非線形システムの併合制御系に対しては十分なロバスト安定性を考慮した設計が必要となる．

演 習 問 題

[問題 5.1]　例題 5.1 の系において，制御入力の定常値は $v_0 = Ri_0 = 3.81\Omega \times 1.904\,\mathrm{A} = 7.25$ V であった．図 5.19 の時間 $t = 0$ における制御入力が状態量とフィードバックゲインの値で求められる値になっていることを，グラフから読み取って計算し確認せよ．

[問題 5.2]　$dx/dt = 2x + u$ によって表される系の最適レギュレータを，評価関数の状態量に関する重み q を 1，制御入力に関する重み r を 1 として設計し，最適制御の評価関数の値を求めよ．さらに例題と比較せよ．

[問題 5.3]　吸引形磁気浮上系のモデルについて，制御対象の部分の摂動方程式が次のように書けた．

$$M\frac{d^2\Delta x}{dt^2} = c_1\Delta x - c_2\Delta i$$

ただし，$c_1 = K_m$, $c_2 = 2k_f i_0/x_0^2$ とする．

　これについて電流を制御しない場合に力学的にどのような不安定系であるかを説明した上で，電流を $\Delta i = k\Delta x$ として，ギャップの変動を防ぐような電流制御を施しても安定化できないことを示せ．

第**6**章
サーボモータの制御

　サーボモータ (servo motor) とは，速度や位置あるいはトルクなどの指令値が与えられるとそれに追従制御を行うモータを指すが，少し前までは直流モータがサーボモータの代表であった．しかし，直流モータでは機械的な摩擦部分であるブラシを必要とし，またブラシと整流子の組み合わせによって電機子電流の機械的な整流を行うので火花が発生しやすい．これはメンテナンスを必要とすると同時に，クリーン環境および可燃性の環境では使用できないことを意味する．さらに，構造上の理由で小形化や温度上昇の抑制には交流モータのほうが有利となる．

　そのような背景の下でモータの理論的な発展とともにパワーエレクトロニクスの進歩があり，近年の産業界では制御性能に優れた誘導モータや同期モータなどの交流モータが多く用いられるようになった．したがって，直流モータの利用はもはや制限された形になってはいるが，モータの基本原理がわかりやすく，またサーボ用交流モータの制御は直流モータの動作状態を目標とするものであるので，制御の方針を知る上ではその学習の価値は非常に大きい．この章ではモータとして基本となる直流モータの基本原理を説明し，サーボ系の設計についてくわしく述べる．

6.1　直流モータの原理　●─────────────────

　図 **6.1** を用いて直流モータの原理を考えてみる．動作原理は通常 Bli 則によって説明されることが多いが，ここでは第 5 章で述べた磁荷発生基本要素の概念を用いて物理的説明を行う．電磁力の発生する土台ともいえる磁界をつくるためにおかれる**界磁** (field magnet) が固定子側にあるが，これは固定子に固定した磁荷を配置したことになる．

　なお，界磁には永久磁石あるいは電磁石が利用できる．一方，回転子側には外部電源につながれたコイルが，鉄心表面部分につくられたスロットに入れられており，つまりこの部分は電磁石が構成されていることになり，コイル電流に依存する磁荷

が配置された形となる．このコイルは**電機子巻線** (armature windings) あるいは**電機子コイル** (armature coil) と呼ばれ，コイルから外部電源につなぐために取り付けられた整流子と呼ばれる導体片から，固定子側に固定されたブラシとの接触を通して電源につながれる．回転子に流れる電流は整流子とブラシの作用によって，たとえば界磁の N 極側に近い左半分には紙面の表から裏へ向かう方向 (クロス記号で示す方向) の電流が常に流れるように整流され，反対側の半分には逆向き (ドット記号で示す方向) の電流が常に流れることになる．このように電流の流れが整えられることを**整流** (commutation) という．

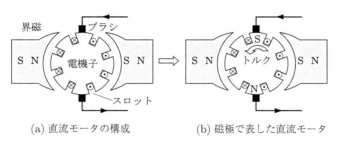

(a) 直流モータの構成　　　　(b) 磁極で表した直流モータ

図 **6.1**　直流モータの動作原理図

　したがって，電磁石とみなすことのできる電機子がつくる磁荷も界磁の磁荷と共に固定されたものとなり，同図 (b) のような固定された磁極がモータに形成される．すなわち，磁極は同極では反発力，異極同士は吸引力となることから，電機子は反時計方向のトルクを発生することがわかるのである．もちろん，Bli 則によっても同じ結果を得ることができる．力の向きを考えるには磁極に注目すれば容易であり，他方で力の計算を行うには Bli 則による方法がこの場合は適している．ここで示すように電機子コイルは鉄心のスロットの中に納められているのが通常の形であるが，そのとき界磁のつくる磁束はスロットの部分を避けて鉄の部分を通り，結局は電機子電流を避けた形で磁束が流れることになる．したがってトルクは実際には電機子巻線の電流にほとんど作用せず鉄心に作用するので，まったく電磁石が吸引力を生じる状況と同じであるが，計算値は Bli 則によって正確に行うことができる．

　図における界磁の N 極と S 極側に対応して，電機子にはそれぞれクロス記号とドット記号の向きで電流が流れていると説明したが，これは界磁のつくる磁界と電機子電流が直交すると表現される．電機子電流の空間的な向きの定義としては，右ねじの方向で決まる向きを考えているのであるが，それはすなわち電機子の発生し

ている磁界の方向である．すなわち，同図 (b) に示すように界磁と電機子の磁極の向きは互いに直交しており，この直交性がもっとも有効なトルク発生を実現する．つまり，すべてのコイル片において同一の方向のトルクをつくり出しているのである．

たとえば，もし電機子電流が上半分はクロス記号，下半分がドット記号の向きに流れたとすれば，界磁の N 極側に近い側の上半分の電流と界磁の S 極側に近い下半分は反時計方向のトルクを発生するが，それ以外は時計方向のトルクを発生して，結局発生するトルクの合計は 0 となるのである．したがって，界磁の磁極に対応して電機子電流の方向がそろってないと，せっかくの電流も無駄になるが，直流モータではそのような意味でもっとも有効にトルクが発生し，その結果として電流の大きさに従ったトルク発生が可能となる．直流モータにおける以上のような界磁と電機子電流の直交性から，特長が次のようにまとめられる．

・力学的エネルギーへの変換が有効に行われる．
・生じるトルクがつねに電流に比例する．

ちなみに交流モータにおいてはブラシ・整流子というものはなく，したがって電源電圧の大きさのみを変えるような単純な制御では，界磁に相当する磁束と電機子電流に相当する電流の位置的な関係が時間的に変動してしまい，同じ大きさの電流を電源から流しているにもかかわらず発生トルクは異なるという状況が生まれる．したがって，交流機におけるトルクの瞬時値の制御のためには，この位置関係をつねに把握して電流の大きさと位相を制御しなければならないのである．すなわち，第 5 章で述べたようにベクトル制御が必要となる．

ところで，直流モータにおいて電機子が界磁に対して時間的に一定な磁極をつくればトルクも時間的に一定な値となるが，スロットが存在することによる磁気抵抗の変動，あるいは電機子電流がつくる起磁力分布の時間的変動が生じればトルクの時間的脈動を引き起こす．しかし，実際の産業用のモータにおけるトルク脈動は，幸いにして平均値に対して高々数パーセントである．

電磁石形界磁では，界磁電流を制御することで界磁の磁束を変えることができ，したがって後述するように速度制御を行うことができるが，これを**界磁制御** (field control) と呼ぶ．軟磁性材料の動作範囲は線形領域に限って用いるので，界磁における電流と生成される磁束は比例すると考えてよい．しかし，永久磁石を界磁に用いる場合に比べると便利でもあるが，界磁電流によるジュール損の発生がある点が短所となる．その点，永久磁石を界磁として用いるともちろん界磁の損失はなく，またモータの小形化が可能となるという利点が生じることから，永久磁石を界磁に

用いた直流モータが多く使われる傾向にある．ただし，モータの運転時には内部で
生じる損失により温度が上昇するが，そのために永久磁石の磁化が影響を受けて，
発生磁束はわずかではあるが減少するという現象も生じる (10^{-2} %のオーダー)．

　一般に直流モータでは，(a) 電機子が鉄心をもちかつスロットをもつもの，(b) 鉄
心はあるがスロットのないもの，そして (c) 鉄心をもたずにスロットのないものの
三種類がある．(b) と (c) の場合は電機子の自己インダクタンスが小さくなり，整
流が良好に行われやすい性質をもつので高速運転が可能となる．一方で，ギャップ
が大きくなるために強力な界磁が必要になり，マシンのサイズが大きくなる傾向を
もつ．それに対して，(a) は界磁が小さくできるということになる．界磁は，大出
力のモータでは電磁石形が用いられるが，多くは永久磁石を用いる．

6.2　直流モータのモデリングと解析 ●────────────

　産業用の直流モータではすでに述べたように時間的にほぼ一定のトルクが得られ
るが，電機子に発生するトルクを T [N·m]，電機子電流を i_a [A] とし，界磁の強さ
が一定であると仮定すれば，Bli 則を用いて，

$$T = K_a \Phi i_a = K_T i_a \qquad \text{[Nm]} \tag{6.1}$$

となる．ただし，K_a は設計パラメータであり，Φ [Wb] は界磁の一磁極当りに発生
する磁束，K_T [Nm/A] はトルク定数 (torque constant) である．また，電機子に発
生する起電力 E [V] は，電源電圧に対して逆向きに生じるが，その大きさは回転子
の回転角速度 ω [rad/s] を用いて，

$$E = K_a \Phi \omega_m = K_E \omega_m \qquad \text{[V]} \tag{6.2}$$

となる．ただし，K_E [Vs/rad] は誘起電圧定数 (emf constant) と呼ばれ，K_a と同
一の式 $K_a\Phi$ で表される．すなわち，電機子の起電力は回転速度に比例し，一般に
速度起電力 (speed emf) という．これら二つの式が直流モータを表現しているとい
える．

　直流モータの代表的な形式の等価回路を図 **6.2** に示すが，これに沿ってモータ
の定式化を行う．いま，初期状態として電源が入っておらず回転子が止まっている
状態にあるとしよう．電機子回路の電気抵抗と自己インダクタンスをそれぞれ R_a
[Ω]，L_a [H] として，電圧 v [V] を印加すれば電流 i_a [A] が流れ始める．図中に F
と記した界磁が電機子に対して磁界をつくっているが，電機子の電流と界磁の磁界

が相互作用してトルクが生じ，ゆえに回転子は加速を生じることになる．界磁のつくる磁界中で電機子は速度をもつことになるので，上述の速度起電力が電機子に生じることになる．速度が上昇するにつれて速度起電力が大きくなるが，電流がそのために小さくなるのでトルクは小さくなる．したがって，徐々に一定速度に落ち着くということになる．

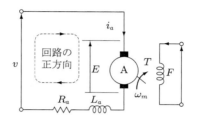

図 **6.2** 直流モータの等価回路

　図のように回路の正の方向を定義した場合，電位は電源で上がって速度起電力の部分で下がり，抵抗においてさらに下がる．インダクタンスの部分は，第 1 章で述べたように電流が増加しようとしているときには電位が下がるが，電流が減少しようとしたときには電位が上げられることになる．ただし，速度起電力と抵抗はともに電位が下がっている部分ではあるが，内容的には大きな差異をもち，前者は能動的な起電力であり，後者は受動的な電圧降下でしかない．また，モータの速度起電力は電源電圧に対して通常の運転では常に逆向きであることから，電源とは逆向きに正の方向を考えて逆起電力として扱う（第 1 章を参照）．

　回転子と負荷の合成の慣性モーメントを J [kg·m^2]，負荷トルクを T_L [Nm]，回転速度を ω_m [rad/s] とおいて，直流モータの支配方程式が次のように書けることになる．

$$v = E + R_a i_a + L_a \frac{di_a}{dt} \tag{6.3}$$

$$T = J \frac{d\omega_m}{dt} + T_L \tag{6.4}$$

6.2.1　エネルギーおよびパワーの流れの向き

　以上の議論からわかるように，電機子端子を電源につながずに開放して外部からの力で電機子を回せば，速度起電力が電機子の端子に観測される．つまり，この状態は直流発電機としての動作を意味することがわかる．端子電圧 v は発電機にとっては負荷における端子電圧を表すことになるが，結局モータと発電機の違いは電機

子に電気的エネルギーを供給するか，あるいは電機子を回すための力学的エネルギーを供給するかという点にある．つまり，エネルギーの流れは電流の方向で決まるが，電源電圧が速度起電力より大きいと電源電圧の方向に電流が流れ，逆の場合は電源電圧と逆向きに電流が流れる．これを先の等価回路に沿って数式で表すと次のようになる．

$$\text{モータとしての動作：} \quad v > E, \quad i_a > 0$$

$$\text{発電機としての動作：} \quad v < E, \quad i_a < 0$$

定量的にエネルギーを考察するに当り，まずモータにおけるパワーの関係をみてみよう．電圧方程式の両辺に電機子電流 i_a を乗じると，

$$v i_a = E i_a + R_a i_a^2 + L_a \frac{d i_a}{dt} i_a = E i_a + R_a i_a^2 + \frac{d}{dt}\left(\frac{1}{2}L_a i_a^2\right) \tag{6.5}$$

となり，左辺の $v i_a$ [W] は電源からの供給パワー，右辺第 1 項の $E i_a$ [W] は電機子に送られるパワーであるが，電機子に送られたパワーは力学的なパワーに変換されるので，

$$E i_a = T \omega_m \tag{6.6}$$

と書ける．ただし，実際には電機子の鉄損や回転に伴う機械的な損失を差し引いたものが正味の機械的な出力となる．式 (6.5) の右辺第 2 項は，電機子巻線の抵抗で生じるジュール損，第 3 項はインダクタンスによる無効パワーである．ここで，無効パワーとは時間的には正の値にも負の値にもなる瞬間があり，トータルとしてパワーの消費がないものである．

つまり，磁気エネルギー蓄積素子としての L_a はエネルギーを消費することはなく，エネルギーを蓄積するか放出するかのどちらかあるいは両方である．パワーの時間に関する積分を行うと，エネルギーの収支に関する以下の式を得る．

$$\int_{t_s}^{t_f} v i_a \, dt = \int_{t_s}^{t_f} E i_a \, dt + \int_{t_s}^{t_f} R_a i_a^2 \, dt + \left[\frac{1}{2}L_a i_a^2\right]_{i_a(t_s)}^{i_a(t_f)} \tag{6.7}$$

式中の時間 t_s, t_f は，モータの運転開始および終了時間とする．左辺は電源から供給される運転中に供給されたエネルギー，右辺第 1 項は仕事に有効に費やされたエネルギー，第 2 項は熱に変換されてしまったエネルギーである．運転開始および運転終了後における電機子電流をともに 0 と仮定すれば，右辺第 3 項は 0 となる．すなわち，無効パワーは最終的にエネルギーの収支に関係しない．

さて，式 (6.6) から，

$$T = \frac{Ei_a}{\omega_m}$$

を得るが，これに式 (6.2) を代入すると式 (6.1) が得られて，式 (6.1) と式 (6.2) の右辺の係数について確かに，

$$K_E = K_T = K_a\Phi$$

が成立することがわかる．定常状態での直流モータの方程式は式 (6.3) から，

$$v = K_a\Phi\omega_m + R_ai_a$$

$$\therefore \ \omega_m = \frac{v - R_ai_a}{K_a\Phi} \tag{6.8}$$

すなわち，モータの回転速度は印加電圧が高いと大きく，また電機子電流が大きくなることは負荷トルクの増大を意味するが，そのときは速度が小さくなることがわかる．さらに，速度は界磁のつくる磁束に反比例する．したがって，電磁石形の界磁では界磁電流を制御することによっても速度を変えることができるが，永久磁石形の界磁ではそれができず電機子電圧のみでの制御になる．

例題 6.1 定格出力 $P = 350$ W，誘起電圧定数 $K_E = 0.28$ Vs/rad，電機子抵抗 $R_a = 1.1\Omega$，電機子自己インダクタンス $L_a = 2.3$ mH，回転子の慣性モーメント $J_M = 5.7 \times 10^{-4}$ kg·m^2 の直流モータがある．電機子電圧 $V = 75$ V，電機子電流 $I_a = 5.5$ A としたときのモータの定常回転速度はいくらか．

［解］ 回転角速度は，

$$\omega_m = \frac{v - R_ai_a}{K_a\Phi} = \frac{75 - 1.1 \times 5.5}{0.28} = 246 \quad [\text{rad/s}]$$

となって，これを毎分の回転数に直せば，

$$N = \frac{\omega_m}{2\pi} \times 60 = 2,350 \quad [\text{rpm}]$$

を得る．

6.2.2 伝達関数表現と基本応答特性

モータのサーボ制御系を設計するに当って必要となる伝達関数表現を導こう．電機子端子電圧を入力とし速度を出力とみれば，直流モータの支配方程式からブロック線図をつくると図 **6.3** を得る．ここで，図中の J はモータ回転子の慣性モーメント J_M と負荷の慣性モーメント J_L の和を表し，T_L は外乱として作用する負荷トルクである．

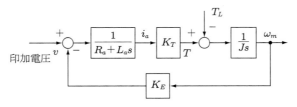

図 **6.3**　直流モータのブロック線図

　負荷を含まないモータ単体の入出力伝達関数 $G_M(s)$ を求めると以下のように
なる.

$$G_M(s) = \frac{\Omega_m(s)}{V(s)} = \frac{\dfrac{K_T}{(R_a + L_a s)J_M s}}{1 + \dfrac{K_T K_E}{(R_a + L_a s)J_M s}}$$

$$= \frac{\dfrac{1}{K_E}}{1 + \dfrac{R_a J_M}{K_T K_E}s + \dfrac{L_a J_M}{K_T K_E}s^2} \tag{6.9}$$

ただし, $\Omega_m(s) = \mathcal{L}\{W_m(t)\},\ V(s) = \mathcal{L}\{v(t)\}$.

　モータは電気系で 1 次のダイナミクス, 機械系で 1 次のダイナミクスをもつの
で, 全体が 2 次系で表されたことになる. すなわち, 電流の増加を遅らせるイン
ダクタンスと速度の上昇を遅らせる慣性モーメントという二つのエネルギー蓄積素子
が 2 次のダイナミクスをつくる. 電機子の自己インダクタンスが大きいときには分
母における 2 次の項が顕著となり, 逆に小さければ電気回路の過渡現象が速度の変
化に及ぼす影響は小さく, その場合は機械系の 1 次で近似される応答となる. この
ような動特性を理解しやすくするためには, 標準 2 次系表現を用いればよい.

　標準 2 次系とは, **減衰係数** (damping ratio) ζ と**固有角周波数** (natural angular
frequency) ω_n を用いて,

$$G(s) = \frac{\omega_n^2}{s^2 + 2\zeta\omega_n s + \omega_n^2} \tag{6.10}$$

と表される要素をいう. 減衰係数 ζ が 1 より小さいほど振動的であり, 逆に ζ が 1
より大きくなると非振動的で, 系は 1 次系で近似できるような挙動となる. 固有角
周波数 ω_n が変わると時間軸は反比例して変化する, すなわち, ω_n が大きいほど応
答が速い.

　ここで, ステップ応答を求めてパラメータと応答の関係をよりくわしくみてみよ

う．単位ステップ関数 $1 = \mathcal{L}^{-1}\{1/s\}$ を入力したときの出力の性質は，式 (6.10) の極を求めるとわかり，ζ の値の大きさに応じて極が以下のように対応する．

（ i ）　　$\zeta > 1$　のとき，　$-\zeta\omega_n \pm \omega_n\sqrt{\zeta^2-1}$

（ ii ）　　$\zeta = 1$　のとき，　$-\omega_n$

（ iii ）　　$\zeta < 1$　のとき，　$-\zeta\omega_n \pm j\omega_d,$

　　　　　　ただし，　$\omega_d = \omega_n\sqrt{1-\zeta^2}.$

（ i ）は過減衰 (overdamped)，（ ii ）は臨界減衰 (critically damped)，（ iii ）は不足減衰 (underdamped) といい，単位ステップ応答を図 **6.4** に示す．このパラメータ表現によって，たとえば $\zeta < 1$ のときには時定数が $1/\zeta\omega_n$ [s] で振動周波数は ω_d [rad/s] となることがわかる．

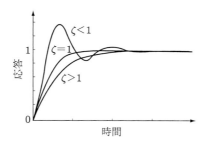

図 **6.4**　2 次系の単位ステップ応答

数値例として，式 (6.9) に例題 6.1 の数値を代入すると，

$$G_M(s) = \frac{3.57}{1 + 0.8 \times 10^{-2}s + 1.67 \times 10^{-5}s^2}$$

$$= 3.57 \times \frac{5.99 \times 10^4}{s^2 + 0.479 \times 10^3 s + 5.99 \times 10^4}$$

$\omega_n \cong 245$ rad/s となるので，

$$\zeta = \frac{0.479 \times 10^3}{2\omega_n} = 0.977$$

を得るが，極で表せば $-239 \pm j52.2$ となる．減衰係数がほぼ 1 であることから，ステップ応答に対してはほとんど振動せずに定常速度になることも予想できる．実際，ステップ状に電圧を印加してシミュレーションをしたのが図 **6.5** であるが，予想のとおり速度は 1 次遅れ要素の応答に近い動きとなっている．

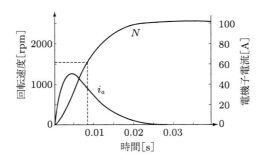

図 **6.5**　直流モータのステップ応答

　ところで，応答が定常値の ±5 ％以内に収まる**整定時間** (settling time) を考えると，減衰係数が約 0.8 より小さいときの近似式であるが，

$$T_s \cong \frac{3}{\zeta \omega_n}$$

が成立する．この式を試しに用いてみると整定時間は $T_s \cong 0.0125$ sec となって，適合する減衰係数ではないので計算値に誤差はあるが，近い値となっている．速度の応答については 1 次遅れに近いことから，式 (6.9) について電気系の影響を意味する 2 次の項を無視して近似し，

$$G_M(s) \cong \frac{\dfrac{1}{K_E}}{1 + \dfrac{R_a J_M}{K_T K_E} s} = \frac{3.57}{1 + 0.008s} = \frac{3.57}{1 + T_m s}$$

を得る．ここで，

$$T_m = \frac{R_a J_M}{K_T K_E} \tag{6.11}$$

とおいて，これを**機械的時定数** (mechanical time constant) と呼ぶ．いまの数値例では $T_m = 8$ ms となるが，図を見てみると確かに 8 ms において速度はほぼ 60 ％に達していることがわかり，1 次遅れに近似しても問題のないことがわかる．

　一方，**電気的時定数** (electrical time constant) は $T_e = L_a/R_a$ により与えられるが，$T_e = 2.1$ ms となる．参考のために，モータの慣性モーメントを小さくして機械的時定数を電気的時定数と同じ程度 ($J_M = 1.14 \times 10^{-4}$ kgm^2, $T_m = 2$ ms) にしてみたものが図 **6.6** である．この場合は，両者のモードが同じ程度に現れており，速度と電流が共に振動的となっている．したがって，この場合は機械的時定数で見積もった応答時間に比較的大きなずれが生じる．

　さて，機械的時定数と電気的時定数の式を式 (6.9) に代入して，

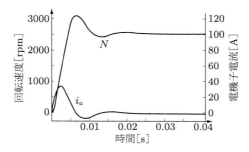

図 **6.6** 慣性モーメントを小さくした直流モータのステップ応答
($J_M = 1.14 \times 10^{-4}$ kgm^2)

$$G_M(s) = \frac{\dfrac{1}{K_E}}{1 + T_m s + T_m T_e s^2} = \frac{k\omega_n^2}{s^2 + 2\zeta\omega_n s + \omega_n^2} \tag{6.12}$$

とおけば，標準2次系のパラメータとこれら時定数の関係式として

$$\zeta = \frac{1}{2}\sqrt{\frac{T_m}{T_e}}, \qquad \omega_n = \frac{1}{\sqrt{T_m T_e}} \tag{6.13}$$

$$k = \frac{1}{K_E}$$

を得る．これにより，機械的時定数が電気的時定数の4倍のところで減衰係数は1
となり，それ以上で機械系のモードが支配的となった1次遅れ要素の挙動を示す．

　前の数値計算例に引き続いて，電機子の自己インダクタンスを無視してステップ
応答を見たのが図 **6.7** である．図中の破線で示す時間は機械的時定数 T_m を示して
おり，この場合はもちろん正確に定常値の 63.2 ％に相当する速度となる．インダク
タンスを無視しているので，電機子電流の変化は前の図と比べて始動直後において
は異なるが，機械的時定数が電気的時定数に比べて支配的なモータであるために，
速度の応答の概形は前の図と一致した結果となっている．

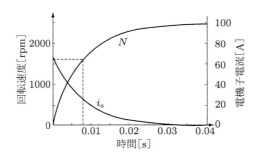

図 **6.7** インダクタンスを無視した直流モータのステップ応答

6.3　直流モータの制御 ●━━━━━━━━━━━━━━━━━━━━

　直流モータの制御にあたって，その目的により制御量 (controlled variable) を速
度とするのか，それとも回転角度にするかなどの場合があるが，ここでは速度の制
御について考えよう．速度制御システムでは，

(ⅰ)　負荷がかかってその大きさが変わっても，目標の速度を保つ必要がある．
　　　　すなわち，外乱の影響を抑制しなければならない．

(ⅱ)　制御対象であるモータと負荷の特性変動があったとしても，つねに目標速
　　　　度に追従しなければならない．

などといった要求が生じる．この二つの性能は開ループ制御では達成できない．し
たがって，閉ループ制御を施す必要が生じるが，すると今度は

(ⅰ)　制御量を検出するに際して雑音が混入すると，制御入力にノイズの影響が
　　　　入って制御量が脈動し，いわゆる観測雑音の影響が生じる．

(ⅱ)　開ループ系では安定でも，閉ループ系を組めば不安定となる可能性が生
　　　　じる．

(ⅲ)　モータに負荷がつながると，制御系の設計に使用した数学モデルでは系が
　　　　安定であったとしても，実際の制御対象では不安定となる可能性が生じる．
　　　　これは，設計時の数学モデルと実際の対象の間に違いが存在するために生じ
　　　　る問題である．

といった問題が生じて，設計にはこれらすべてを考慮に入れて作業を進める必要が
生じる．

　追従制御系の設計としては，一般に古典制御と現代制御の手法に大別され，さま
ざまな制御構造や設計法がある．図 **6.8** には，いくつかの代表的な速度制御の方法
を示すが，以下にそれらの速度制御系について考えてみよう．同図 (a) に示すよう
な速度のみをフィードバックした単一ループによる速度制御系に対して，同図 (b)
や (c) はフィードバック信号が複数となっている．図中に示す T_L は外乱としての
負荷トルクである．

6.3.1　単一ループの速度制御系

　図 6.8 (a) の制御系設計の方法から検討を始めることにしよう．図 **6.9** にはくわ
しいブロック線図を示すが，目標値への追従と外乱の抑制性能について調べてみよ
う．図中において，慣性モーメント J はモータ部分 J_M と負荷部分 J_L の合成慣性

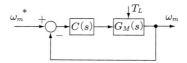

(a) 単一ループによるフィードバック制御

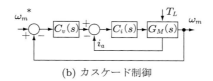

(b) カスケード制御

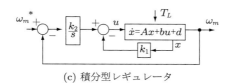

(c) 積分型レギュレータ

図 **6.8** 直流モータサーボ系のいくつかの制御構造

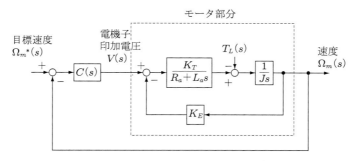

図 **6.9** 単一ループによる DC モータ速度制御系

モーメントである.ブロック線図より破線で示すモータ部分の関係式として次式を得る.

$$\left[\frac{K_T}{R_a + L_a s} \left\{ V(s) - K_E \Omega_m(s) \right\} - T_L(s) \right] \frac{1}{Js} = \Omega_m(s) \tag{6.14}$$

一方,コントローラ部分の関係式は,

$$V(s) = C(s) \left\{ \Omega_m^*(s) - \Omega_m(s) \right\} \tag{6.15}$$

となるので,これを代入して,

$$\Omega_m(s) = \frac{K_T C(s)}{(R_a + L_a s)\, Js + K_T K_E + K_T C(s)} \Omega^*(s)$$

$$- \frac{K_T}{(R_a + L_a s)\, Js + K_T K_E + K_T C(s)} T_L(s)$$

$$= G(s)\Omega^*(s) - G_d(s)T_L(s) \tag{6.16}$$

とおけば，右辺第 1 項は目標値の応答，第 2 項は外乱に対する応答である．$G(s)$ は目標値に対する系の入出力伝達関数，$G_d(s)$ は外乱に対する伝達関数である．ステップ状の目標値 $\Omega^*(s) = \omega_{\mathrm{ref}}/s (\omega_{\mathrm{ref}}$ は定数) に対しては，出力が入力に一致するためには入出力伝達関数 $G(s)$ の定常ゲインが 1 となる必要がある．また，負荷トルクを一定であると仮定すれば，$T_L(s) = K/s$ (K は定数) に対して出力の第 2 項は安定な極のみをもたなければならない．つまり，安定な極のみであれば時間応答としては減衰することを意味する．

　前者の入出力応答が達成できるためには，コントローラ $C\,(s)$ が積分器を含めばよく，また後者の外乱応答についても $C\,(s)$ が積分器を含めば，負荷トルク $T_L(s) = K/s$ のもつ原点極を消せるので外乱の影響は時間的に減衰する．つまり，コントローラが積分器を含む場合に，制御系は一定値の外乱の下でステップ状の目標値に対して定常偏差 (steady-state error) の生じない構造となる．

（1）　内部モデル原理

　定常偏差を 0 にするための制御系の条件は内部モデル原理 (internal model principle) として知られている．図 **6.10** に示す一般的な形式の閉ループ制御系ブロック線図を用いて，図中の偏差 $E(s)$ を求めると次式となる．

$$E(s) = \frac{1}{1 + P(s)C(s)} R(s) + \frac{P(s)}{1 + P(s)C(s)} D(s) \tag{6.17}$$

　外乱は制御対象の前に入ることを前提とした形であるが，もし制御対象の後に入る場合は，図中の加え合わせ点に直接入る信号となるので目標値と同様の扱いとなる．図中に示すように，定常偏差をなくすためには目標値 $R(s)$ の不安定極である原点極を開ループ伝達関数 $P(s)\,C(s)$ が打ち消すことができないと定常値が残り，また外乱 $D(s)$ の不安定極である原点極を打ち消すためにはコントローラの伝達関数 $C(s)$ しか利用できないことがわかる．

　つまり，入力信号と同じ形のモデルを制御系内部にもつことが，定常偏差を 0 にするための条件であり，内部モデル原理という．通常の場合，目標入力や外乱は図

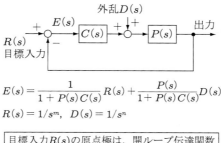

$$E(s) = \frac{1}{1 + P(s)C(s)} R(s) + \frac{P(s)}{1 + P(s)C(s)} D(s)$$

$$R(s) = 1/s^m, \quad D(s) = 1/s^n$$

> 目標入力 $R(s)$ の原点極は，開ループ伝達関数
> $P(s)C(s)$ がキャンセルしなければならない．
> また，外乱 $D(s)$ の原点極は，コントローラ
> $C(s)$ がキャンセルしなければならない．

図 6.10 内部モデル原理

に記すように $1/s^i$ の形で表されるので，$P(s)C(s)$ は $1/s^i$ を含むことになる．その場合，開ループ伝達関数 $P(s)C(s)$ の積分器の個数を表す次数 i によって特徴付けることができ，次数が i のときに i 型の制御系と呼ぶ．この原理によって，図 6.9 の系においてはコントローラ $C(s)$ が積分器を一個は含む必要があることがわかる．

（2）　ボード線図による設計

　ボード線図 (Bode diagram) による設計は，制御対象が複素平面の右半面に位置する，極 (不安定極と呼ばれる) と零点 (不安定零点と呼ばれる)，さらにむだ時間要素などをもたない，いわゆる最小位相推移系 (minimum phase shift system) に適用は限られることに注意する．まず，フィードバック制御系としては安定であることが必須であることはいうまでもないが，サーボ系には次の三つの制御性能が要求される．

（ i ）　定常特性

（ ii ）　過渡特性

（ iii ）　耐雑音特性

　コントローラの設計に際して開ループ伝達関数のボード線図を描き，これらの特性について考慮することができる．ボード線図上で設計する方法には，周波数領域でゲイン特性の望ましい形状を指定するループ整形 (loop-shaping)，あるいはジーグラー・ニコルスの限界感度法と呼ばれる方法をボード線図上で等価的に行うものなどがある．ここではループ整形手法を述べるが，まず図 **6.11** を用いてフィードバック制御系の基本的な性質を考えよう．

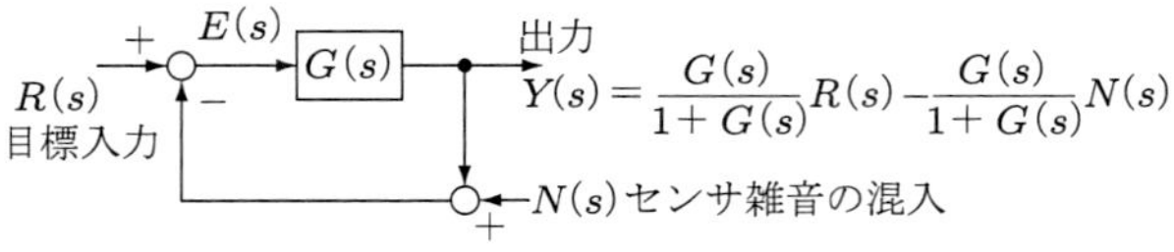

図 **6.11**　開ループ伝達関数と入出力比・雑音特性

　図において目標からの入出力比は，開ループ伝達関数 $G(s)$ の絶対値すなわちゲインが大きいときに 1 に近くなり，ゲインが小さくなると目標入力信号が与えられても出力が十分に得られなくなる．したがって，目標値どおりの出力を出すためには開ループゲインは大きいことが望ましいが，ゲインが大きな場合に出てくる問題としてセンサ雑音の出力への影響と安定性の劣化がある．つまり，目標入力の入る加え合わせ点において，センサ雑音は目標入力信号と対等の関係で入っていることに注意が必要である．しかし，幸いにして目標入力と雑音は一般に周波数が異なり，前者は周波数が比較的に低く，後者は高い領域にある．したがって，低周波域では $G(s)$ のゲインを大きくし，高周波域で小さくすればこの問題を解消できることになる．

　ところで，ボード線図においてゲインが 0dB の近傍では -20 dB/dec の傾きをもつことが，安定性の確保になることが知られているが，これは周波数に対するゲインの減少の傾きから位相が決まるという最小位相推移系の性質とナイキストの安定定理 (Nyquist stability theorem) に基づいている．これをみるために，図 6.11 の $G(s)$ として次の三つの伝達関数を取り上げて，ゲインの傾斜と位相の関係を考えてみよう．

（ⅰ）　$G_1(s) = \dfrac{K}{s}$

（ⅱ）　$G_1(s) = \dfrac{K}{s^2}$

（ⅲ）　$G_1(s) = \dfrac{K}{s^3}$

　これらについて閉ループ伝達関数を求めればわかるように，（ⅰ）の場合は安定極，（ⅱ）は虚軸上の極，（ⅲ）は不安定極を系がもつことになる．ボード線図を描けば図 **6.12** のようになって，（ⅰ），（ⅱ），（ⅲ）のゲイン傾斜と位相はそれぞれ $(-20$ dB/dec, $-90°)$，$(-40$ dB/dec, $-180°)$，$(-60$ dB/dec, $-270°)$ になる．最小位相推移系においては任意の周波数における位相の大きさは，ほぼその周波数近傍におけるゲイン傾斜で決まり，一般にこの性質はボードの定理 (Bode's gain-phase relation) として知られている.

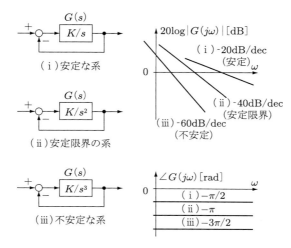

図 **6.12** 最小位相要素を用いたフィードバック系の安定性

（参考） ボード線図とゲインの表示単位

システムの入出力特性を表現するために，信号の絶対値の入出力比，そして入力信号からの出力信号の位相のずれを，周波数を横軸としてグラフに表現するのがボード線図である．それぞれゲイン特性，位相特性と呼ばれる．通常の場合，横軸の周波数は常用対数軸として表し，縦軸は通常の目盛ではあるが，ゲインは dB (デシベル)，位相は rad あるいは deg が用いられる．

Bel (ベル) という単位は電話の発明者である A. G. Bell にちなんだものであるが，もともとは信号のパワーの比率を表すために考えられたもので，比率を常用対数で表し，さらに数値を大きくするために 10 倍するので，1/10 を意味する deci (デシ) が単位に付加され decibel となって，

$$10 \log_{10} \left(\frac{P_{\text{out}}}{P_{\text{in}}} \right) \qquad [\text{dB}]$$

のように表す．パワーは電圧の 2 乗あるいは電流の 2 乗に比例するが，電圧であれば

$$10 \log_{10} \left(\frac{V_{\text{out}}^2}{V_{\text{in}}^2} \right) = 20 \log_{10} \left(\frac{V_{\text{out}}}{V_{\text{in}}} \right) \qquad [\text{dB}]$$

となって，対数値に 20 倍をしたものがデシベル値となる．システムの周波数伝達関数 $G(j\omega)$ についても同様に，入出力の電圧信号の比のような見方をして

$$20 \log_{10} |G(j\omega)| \qquad [\text{dB}]$$

と表される．

ナイキストの安定定理からゲインが 0 dB のときに −180° となれば安定限界であ
り，それ以上の位相遅れは不安定となる．したがって，十分な安定余裕を確保する
には，ゲインが 0 dB となる近傍で −20 dB/dec の傾斜が必要であることがいえる．
開ループ伝達関数のボード線図を用いてループ整形を行えば，ゲインの形状が視覚
的に把握できるので，どのように要素を追加してゲイン調整を行えばよいかが直感
的にわかるという利点がある．

（ 3 ）　望ましい開ループゲイン特性

図 **6.13** は開ループ伝達関数のゲインに関して望ましい周波数特性を折れ線近似
で示したものである．まず最優先として確保すべき安定性については，ゲイン交差
周波数 (gain crossover frequency) ω_c におけるゲイン余裕 (gain margin) と位相余
裕 (phase margin) を適切な値に設定することで，モデル化誤差やパラメータ変動
に対する安定余裕を得ることができる．そこで，十分な安定余裕をもつためにはこ
の周波数帯域で傾斜が緩やかでなければならず，基本的には −20 dB/dec としなけ
ればならない．ただし，過度な安定余裕をあえて確保するのは制御性能を逆に劣化
させることになるので注意が必要である．一般に，サーボ系ではゲイン余裕を 12
〜 20 dB，位相余裕を 40 〜 60° にとるのが望ましいとされている．

次に，定常偏差を 0 とするためには，内部モデル原理から開ループ伝達関数が目
標値に応じた型となっていなければならない．それゆえ，ω_3 以下の周波数域では目
標値あるいは外乱によって開ループ伝達関数のゲインのもつべき傾きが決まる．た
とえば，目標値がステップ関数，すなわち一定値であれば 1 形 (あるいは 1 形以上)
の制御系でないといけないので，−20 dB/dec の傾きをもつ．速応性あるいは応答
速度は，ゲイン交差周波数 ω_c が大きいほど速い．ただし，負荷の共振現象が存在

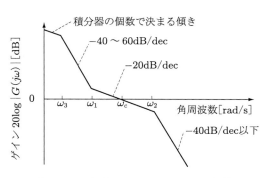

図 **6.13**　望ましい開ループゲイン特性

する場合は，負荷の振動を助長しないようにするために，ゲイン交差周波数はその共振周波数よりも低く設定しなければならない．

　低周波数領域では目標値に対する定常特性や外乱に対する抑制性能に関係しているので，ゲインは高いほどよく，互いに干渉がないように交差周波数から数倍程度離れた周波数 ω_1 のところから速やかにゲインを増加させることが望ましい．高い周波数域では観測雑音が存在し，また数学モデルが不正確な周波数帯域でもある．したがって雑音による制御量の変動や不確かさによる安定性の劣化などの問題を避けるために，ゲインは小さいほどよく交差周波数から数倍程度離れた周波数 ω_2 のところから速やかにゲインを減少させる必要がある．

（4）単一ループの速度制御系設計

　一般には所望の過渡特性の仕様やゲイン特性に合わせて，補償要素の合成を行うこともあるが，ここでは産業界で多く用いられる PI コントローラによってサーボ系を設計することにする．コントローラの調整できるパラメータは二つしかないので，期待される制御性能には自ずと限界があるが，最低限の性能は達成できる．まず，コントローラを

$$C(s) = K_p + \frac{K_i}{s} = \frac{K_p\left(s + \frac{K_i}{K_p}\right)}{s} \tag{6.18}$$

と表せば，開ループ伝達関数 $G(s)$ は次式となる．

$$G(s) = G'_M(s)C(s) = \frac{\dfrac{1}{K_E}}{1 + \dfrac{R_a J}{K_T K_E}s + \dfrac{L_a J}{K_T K_E}s^2} \cdot \frac{K_p\left(s + \dfrac{K_i}{K_p}\right)}{s}$$

$$= \frac{\dfrac{1}{K_E}}{\left(1 + \dfrac{s}{\omega_{M1}}\right)\left(1 + \dfrac{s}{\omega_{M2}}\right)} \cdot \frac{K_p(s + \omega_{PI})}{s} \tag{6.19}$$

　ただし，$\omega_{PI} = K_i/K_p$ であり，慣性モーメント J はモータ回転子と負荷の和として次式で表されるので，モータ部分を $G'_M(s)$ と書いている．

$$J = J_M + J_L \tag{6.20}$$

　実際にはこのように負荷の慣性モーメントが加わるので，電気的時定数の系のダイナミクスへ与える影響は，モータ単体の場合に比べてさらに小さくなる．ω_{PI} は PI コントローラの折れ点周波数，ω_{M1} と ω_{M2} はモータに関する折れ点周波数であ

る．以上によって，開ループ伝達関数のゲイン線図は図 **6.14** に示す形状をもち，先に述べたように比例ゲインと積分ゲインだけでは理想的なループ整形は残念ながらできない．

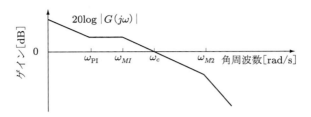

図 **6.14**　速度制御系のゲイン線図

例題 6.2　例題 6.1 に示したモータについて，負荷の慣性モーメントを $J_L = 1.43 \times 10^{-3}$ kg·m^2 として，ゲイン交差周波数が 100 rad/s の速度制御系を設計せよ．ただし，トルク定数は $K_T = 0.28$ Nm/A である．

［解］　合成慣性モーメントは $J = 0.002$ kg·m^2 であるから，

$$G'_M(s) = \cfrac{\cfrac{1}{K_E}}{1 + \cfrac{R_a J}{K_T K_E}s + \cfrac{L_a J}{K_T K_E}s^2} = \frac{3.57}{1 + 0.0281s + 5.87 \times 10^{-5}s^2}$$

$$= \frac{\cfrac{1}{K_E}}{(1 + s/\omega_{M1})(1 + s/\omega_{M2})} = \frac{3.57}{(1 + s/39)(1 + s/440)}$$

を得る．ω_{M1} が 39 rad/s であり，$\omega_{PI}(= K_i/K_p)$ を 20 rad/s に設定してみよう．ゲイン交差周波数でゲインは 1 であるので，

$$|G(j100)| = \left| \frac{K_p(j100 + 20)}{j100} \cdot \frac{3.57}{1 + j0.0281 \times 100 - 5.87 \times 10^{-5} \times 100^2} \right|$$

$$= 1.282K_p = 1$$

とおいて，$K_p = 0.780$，$K_i = 15.60$ を得る．

図 **6.15** に目標速度 $N^* = 2300$ rpm をステップ入力として与えたときの応答を示す．また，時間 0.35 sec では負荷トルクとして $T_L = K_T I_a = 0.28$ Nm/A×5.5 A = 1.54 Nm をステップ状外乱として与えた．実際の系では電圧と電流の大きさには制限があるが，ここではリミッタを考慮していない．結果を見ると，速度は速やかに上昇してオーバシュートもなく，さらに負荷トルクがかかっても良好に速度を回復し，コントローラの積分器の動作により定常偏差 0 に収束している．ただ，起動時には定常電圧の 2 倍強の大きさの印加電圧になっているが，これはコントローラの比例動作が積分動作に比べて大きな影響を及ぼしているためである．PI コントローラの折れ点周波数を高い周

波数域に移せば，この状況は変えることもできるが，過渡応答に遅れが見えてくることになる.

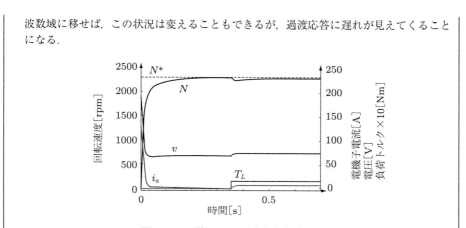

図 **6.15**　単一ループ速度制御系の応答

6.3.2　カスケード速度制御系の設計

　カスケード制御系 (cascade control system) のブロック線図を図 **6.16** に示す. 単一ループの速度制御系では，速度を制御量とし電圧を制御入力とするもので，電流は制御量に含まれなかった. ここで述べるカスケード制御系では，1 次ループ (primary loop) としての速度制御系の下位に 2 次ループ (secondary loop) として電流制御系を構成し，制御量は速度と電流が対象となる. 違う見方をすれば，モータの方程式からわかるように状態変数は速度と電流の二つであり，状態変数ごとに制御ループを構成した形となる.

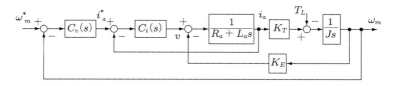

図 **6.16**　カスケード制御系のブロック線図

　さて，2 次ループの応答速度が 1 次ループからみて非常に速いと仮定すれば，系は 1 次ループからみたとき図 **6.17** のように見えることになる. つまり，電機子電流の変化が速度に比べて非常に速ければ，1 次ループのコントローラから観れば指令値どおりの電流がつねにつくり出されているように見えてしまうのである. したがって，1 次ループの制御系設計については 2 次ループの部分のダイナミクスを考える必要はなく，制御対象は 1 次の系となるので設計と制御は容易となる. 結局，

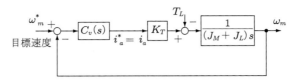

図 **6.17**　1 次ループからみた制御系

1 次ループと 2 次ループは応答速度の意味で非干渉化されて，それぞれ独立に設計可能となる．具体的な設計法を以下に示す．

　電流制御は十分に速い応答速度をもつとして，まず 1 次ループのコントローラを設計しよう．速度コントローラとしては，ここでも PI コントローラを用いることにして，

$$C_v(s) = K_{vp} + \frac{K_{vi}}{s} = \frac{K_{vp}\left(s + \dfrac{K_{vi}}{K_{vp}}\right)}{s} \tag{6.21}$$

この場合，開ループ伝達関数は，

$$G_v(s) = \frac{K_T}{Js} \cdot \frac{K_{vp}\left(s + \dfrac{K_{vi}}{K_{vp}}\right)}{s} \tag{6.22}$$

と表され，ボード線図が図 **6.18** のように描ける．ゲイン交差周波数 ω_c と PI コントローラの折れ点周波数 ω_{PI} を用いて，コントローラの比例ゲイン K_{vp} は次式により決定する．

$$\left.\left|G_v(j\omega)\right|\right|_{\omega=\omega_c} = \frac{K_T K_{vp}}{J\omega_c^2} \cdot \left|j\omega_c + \omega_{\mathrm{PI}}\right| = 1 \tag{6.23}$$

ただし，$\omega_{\mathrm{PI}} = K_{vi}/K_{vp}$.

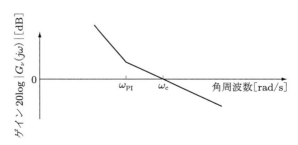

図 **6.18**　1 次ループのゲイン線図

　次に電流コントローラ $C_i(s)$ の設計に進むが，比例制御を行うことにすれば $C_i(s) = K_{ip}$ となるので，電流制御系の開ループ伝達関数は次式となる.

$$G_i(s) = \frac{K_{ip}}{R_a + L_a s} = \frac{K_{ip}}{R_a} \cdot \frac{1}{1 + \dfrac{L_a}{R_a}s} \tag{6.24}$$

この伝達関数のゲイン線図を描くと図 **6.19** を得る．図のゲイン交差周波数 ω_{ic} は電流制御系の応答速度を表すことになるので，先の速度制御系のゲイン交差周波数に対して数倍程度の大きさをもつ必要がある．

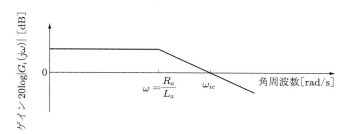

図 **6.19**　2 次ループのゲイン線図

例題 6.3　例題 6.2 に続いて，速度制御系のゲイン交差周波数が 100 rad/s となるカスケード制御系を設計せよ．

[解]　PI コントローラの折れ点周波数を前と同様に 20 rad/s とおけば，1 次ループの開ループ伝達関数が次式で表される．

$$G_v(s) = \frac{0.28}{0.002s} \cdot \frac{K_{vp}(s+20)}{s}$$

ゲイン交差周波数の条件から，

$$|G_v(j\omega)|_{\omega=100} = \frac{0.28}{0.002} \cdot \frac{K_{vp}|j100+20|}{100^2} \cong 1.43 K_{vp} = 1$$

$$\therefore \ K_{vp} = 0.7, \quad K_{vi} = 14$$

2 次ループの開ループ伝達関数は，

$$G_i(s) = \frac{K_{ip}}{1.1} \cdot \frac{1}{1 + 2.09 \times 10^{-3}s}$$

ゲイン交差周波数を，1 次ループの 3 倍にとって $\omega_{ic} = 300$ rad/s とおけば，

$$\left|G_i(j\omega)\right|_{\omega=300} = \frac{K_{ip}}{1.1} \cdot \frac{1}{|1 + j2.09 \times 10^{-3} \times 300|} = 1$$

により，$K_{ip} = 1.3$ を得る．このようにして得られたカスケード制御系のコントローラを適用してシミュレーションを行ったのが図 **6.20** である．若干のオーバシュートが速度にみられるものの，良好な応答を示している．しかし，PI コントローラを用いた単一ループ制御系の場合と同様に，起動時には定常値に比べて大きな電圧が要求され，そ

のために電流も大きくなっている.

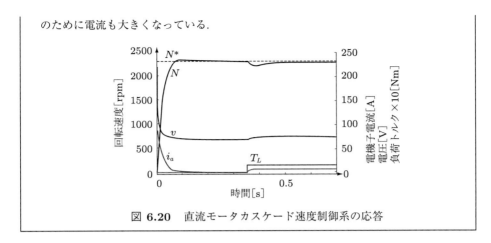

図 **6.20**　直流モータカスケード速度制御系の応答

6.3.3　**LQI** 速度制御系の設計

　最適レギュレータ理論をサーボ系に適用することを考えると，内部モデル原理から目標値に対する応答のために直列補償器として積分器の追加が必要となる．つまり，レギュレータと積分器の組み合わせによりサーボ系が構成できるが，この制御法を **LQI** (linear quadratic integral) 制御と呼ぶ.

　第 5 章で述べたように，レギュレータ問題は，状態量が何らかの原因で変化したとき，基本的にすべての状態量を 0 に引き戻すための状態フィードバック制御を達成するものである．これをまず定値制御に拡張するためには，目標とする状態を状態空間の原点とみなせばよく，レギュレータ理論がそのまま使えることは前章で述べたとおりである．しかし，さらに進めて速度や位置の追従制御，すなわちサーボ系 (servo system) においては目標とする状態は時々刻々変わることになるので，新たな拡張が必要となる．以下にその方法も含めて設計法について考えてみよう.

　まずレギュレータ理論の適用から始め，その後で必要な拡張について検討を行うことにする．制御対象が 1 入出力系として

$$\dot{x} = Ax + bu$$
$$y = cx \tag{6.25}$$

のように表されたとき，5.3.1 項で述べたようにレギュレータの制御性能を評価する関数として次の線形 2 次形式評価関数

$$J = \int_0^\infty (x^T Q x + r u^2)\, dt \tag{6.26}$$

を用い，これが最小となるような制御入力 u を求める．Q と r はそれぞれ，状態量の変動に関する重み行列と制御入力の大きさに関する重みを表しており，設計パラメータとなる．この問題の最適制御入力は以下の式で与えられた．

$$u = -kx \tag{6.27}$$

$$k = r^{-1}b^T P \tag{6.28}$$

ただし，P はリカッチ方程式の正定対称解である．レギュレータのブロック線図を図 **6.21** に示す．

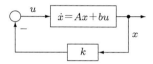

図 **6.21**　状態フィードバックによるレギュレータ

ここで，制御対象としての直流モータの状態方程式を導いておこう．直流モータの状態ベクトルと制御入力をそれぞれ，$x = (i_a \ \omega_m)^T$, $u = v$ とおけば，

$$
\frac{dx}{dt} = \begin{pmatrix} -\dfrac{R_a}{L_a} & -\dfrac{K_E}{L_a} \\ \dfrac{K_T}{J} & 0 \end{pmatrix} x + \begin{pmatrix} \dfrac{1}{L_a} \\ 0 \end{pmatrix} u + \begin{pmatrix} 0 \\ -\dfrac{T_L}{J} \end{pmatrix}
$$

$$
= Ax + bu + \begin{pmatrix} 0 \\ d \end{pmatrix} \tag{6.29}
$$

が得られる．右辺第 2 項は制御入力 u としての電機子印加電圧に関する項，第 3 項は負荷トルクがつくる系への外乱を表す項である．サーボ系においては目標の速度が変わり，かつ外乱の大きさによって状態量が変わるので，この点に関してレギュレータの拡張が必要となる．最適レギュレータ理論を適用するためには，状態量と制御入力が定常状態において見かけ上は 0 となるように変形されなければならないが，それには次の二つの方法が考えられる．

（ ⅰ ）　見かけの状態量と制御入力としてそれぞれ，状態量の瞬時値 $x(t)$ とその定常値 x_s の差 $x(t) - x_s$，そして制御入力の時間微分値 $\dot{u}(t)$ を採る．

（ ⅱ ）　見かけの状態量と制御入力として，状態量と制御入力の各時間微分値 $\dot{x}(t)$, $\dot{u}(t)$ を採る．

いずれの方法も，定常状態では見かけの状態量と制御入力が 0 になって，レギュ

レータ理論が適用できる形をもつ．ただし，求められるのは定常状態で 0 となるような状態量と制御入力の選定だけでなく，もちろん可制御性も必須である．つまり，見かけの制御入力により見かけの状態量を任意の値に動かすことができなければならない．幸いなことにこれは後述のように保障される．ここでは，上記の（ⅰ）の手法を用いて状態方程式を構築してみよう．

（1） 直列補償器の追加とレギュレータ表現

系の状態空間表現は

$$\dot{x} = Ax + bu + \begin{pmatrix} 0 \\ d \end{pmatrix}$$

$$y = cx$$

と書けたが，定常状態では出力 y が目標値 r に一致するので，状態量と制御入力の定常値をそれぞれ x_s，u_s とおけば，

$$0 = Ax_s + bu_s + \begin{pmatrix} 0 \\ d \end{pmatrix} \tag{6.30}$$

$$r = cx_s \tag{6.31}$$

となる．ゆえに，両者の状態方程式について差をとると，

$$\frac{d}{dt}(x - x_s) = A(x - x_s) + b(u - u_s) \tag{6.32}$$

を得る．また，サーボ系がステップ状の目標値に対して内部モデル原理をみたすためには，直列補償器として積分器が必要となるが，そのとき制御入力 u が状態量の一つとして加わる．このとき，積分器の入力を w とすれば，

$$\dot{u} = w \tag{6.33}$$

となるが，u は状態量として扱うので式 (6.32) と同様に定常値との差をとれば，

$$\frac{d}{dt}(u - u_s) = w \tag{6.34}$$

を得る．式 (6.32) と式 (6.34) をまとめて，$\delta x_e = (x^T - x_s^T, u - u_s)^T$ とおけば，

$$\delta \dot{x}_e = \frac{d}{dt} \begin{pmatrix} x - x_s \\ u - u_s \end{pmatrix} = \begin{pmatrix} A & b \\ 0 & 0 \end{pmatrix} \begin{pmatrix} x - x_s \\ u - u_s \end{pmatrix} + \begin{pmatrix} 0 \\ 1 \end{pmatrix} w$$

$$= A_e \delta x_e + b_e w$$

と表される. ここに,

$$A_e = \begin{pmatrix} A & b \\ 0 & 0 \end{pmatrix}, \qquad b_e = \begin{pmatrix} 0 \\ 1 \end{pmatrix}$$

とおいた. ここで, 以下の可積分な評価関数が定義できる.

$$J_e = \int_0^\infty (\delta x_e^T Q_e \delta x_e + r_e w^2)\, dt \tag{6.35}$$

したがって, 最適レギュレータが存在することがわかる. 以上によってサーボ系をレギュレータ問題に変形した系を図 **6.22** に示す.

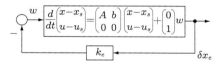

図 **6.22** 変形されたサーボ系

ここで, 評価関数をさらに変形するために出力方程式と目標値を用いて,

$$y - r = c(x - x_s) = c_e \delta x_e$$

と書く. ただし,

$$c_e = (c\ \ 0)$$

評価関数における重み行列について,

$$Q_e = c_e^T c_e \tag{6.36}$$

とおけば, 新しい評価関数として次式を得る.

$$J_e = \int_0^\infty \left\{ (y - r)^2 + r_e w^2 \right\} dt \tag{6.37}$$

すなわち, 設計仕様が二つではなく一つの重み r_e だけを使って表された. このレギュレータ問題の解は,

$$w = -k_e \delta x_e = -k_e \left(x^T - x_s^T\ \ u - u_s \right)^T \tag{6.38}$$

と表され, 状態フィードバックゲインは次式で求められる.

$$k_e = b_e^T P_e / r_e \tag{6.39}$$

ただし, 行列 P_e はリカッチ方程式

$$A_e^T P_e + P_e A_e + Q_e - P_e b_e b_e^T P_e / r_e = 0$$

の正定対称解である．以上によりサーボ系設計問題が最適レギュレータ問題におき換えられたが，図 **6.23** にブロック線図を示す．

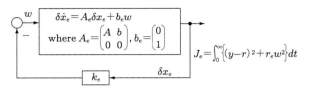

図 **6.23**　拡大されたレギュレータ問題

（2）　レギュレータ表現のサーボ系表現への変形

　状態ベクトル δx_e における定常値 x_s と u_s は不明であり，このままでは制御に使えない．そこで，最初に示した状態方程式と出力方程式を行列にまとめて定常状態の方程式も示すと，

$$\begin{pmatrix} \dot{x} \\ y \end{pmatrix} = \begin{pmatrix} A & b \\ c & 0 \end{pmatrix} \begin{pmatrix} x \\ u \end{pmatrix} + \begin{pmatrix} d \\ 0 \end{pmatrix} = Z \begin{pmatrix} x \\ u \end{pmatrix} + \begin{pmatrix} d \\ 0 \end{pmatrix} \tag{6.40}$$

$$\begin{pmatrix} 0 \\ r \end{pmatrix} = Z \begin{pmatrix} x_s \\ u_s \end{pmatrix} + \begin{pmatrix} d \\ 0 \end{pmatrix} \tag{6.41}$$

を得る．ただし，

$$Z = \begin{pmatrix} A & b \\ c & 0 \end{pmatrix}$$

上式を変形すれば，

$$\begin{pmatrix} x - x_s \\ u - u_s \end{pmatrix} = Z^{-1} \begin{pmatrix} \dot{x} - d \\ y \end{pmatrix} - Z^{-1} \begin{pmatrix} -d \\ r \end{pmatrix} = Z^{-1} \begin{pmatrix} \dot{x} \\ y - r \end{pmatrix}$$

が得られる．これを見かけの制御入力 w に代入して，

$$w = \dot{u} = -k_e Z^{-1} \begin{pmatrix} \dot{x} \\ y - r \end{pmatrix} = -\begin{pmatrix} k_1 & k_2 \end{pmatrix} \begin{pmatrix} \dot{x} \\ y - r \end{pmatrix}$$

すなわち，制御入力として次式を得る．

$$u = -k_1 x + k_2 \int (r - y)\, dt \tag{6.42}$$

ただし，

$$(k_1 \quad k_2) = k_e Z^{-1}$$

したがって，制御系のブロック線図は図 **6.24** のように得られ，すでに述べた内部モデル原理からの制約による直列補償器 $1/s$ が含まれており，レギュレータ理論によるサーボ系が構成された．

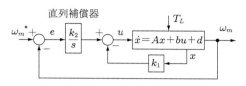

図 **6.24** LQI 制御系

　ところで，制御入力からモータの状態量 x への可制御性は，(A, b) に関してはすでに保障されている．そこで，モータの入力電圧 (制御入力 u) から角速度 ω までの伝達関数は，

$$G_M(s) = \cfrac{\cfrac{1}{K_E}}{1 + \cfrac{R_a J_M}{K_T K_E} s + \cfrac{L_a J_M}{K_T K_E} s^2} \tag{6.43}$$

により表された．これは零点をもたないので，直列補償器のもつ原点極を制御対象の零点が消去しないことがわかり，したがって LQI 制御の可制御性は保障されることになる．

例題 6.4　例題 6.1 および 6.2 の直流モータの速度制御系として，LQI 制御理論を適用してコントローラを設計せよ．

［解］　モータの状態方程式は

$$\frac{dx}{dt} = \begin{pmatrix} -\dfrac{R_a}{L_a} & -\dfrac{K_E}{L_a} \\ \dfrac{K_T}{J} & 0 \end{pmatrix} x + \begin{pmatrix} \dfrac{1}{L_a} \\ 0 \end{pmatrix} u = Ax + bu$$

ただし，$x = (i_a \ \omega_m)^T$ で与えられ，係数行列 A，b は，

$$A = \begin{pmatrix} -\dfrac{R_a}{L_a} & -\dfrac{K_E}{L_a} \\ \dfrac{K_T}{J} & 0 \end{pmatrix} = \begin{pmatrix} -\dfrac{1.1}{0.0023} & -\dfrac{0.28}{0.0023} \\ \dfrac{0.28}{0.002} & 0 \end{pmatrix} = \begin{pmatrix} -478 & -121.7 \\ 140 & 0 \end{pmatrix}$$

$$b = \begin{pmatrix} \dfrac{1}{L_a} \\ 0 \end{pmatrix} = \begin{pmatrix} 435 \\ 0 \end{pmatrix}$$

となる．そこで，拡大系の状態方程式は，

$$\delta \dot{x}_e = A_e \delta x_e + b_e w$$

となり，係数行列は，

$$A_e = \begin{pmatrix} A & b \\ 0 & 0 \end{pmatrix} = \begin{pmatrix} -478 & -121.7 & 435 \\ 140 & 0 & 0 \\ 0 & 0 & 0 \end{pmatrix}, \quad b_e = \begin{pmatrix} 0 \\ 0 \\ 1 \end{pmatrix}$$

と求められ，評価関数は以下のようになる．

$$J_e = \int_0^{\infty} \left(\delta x_e^T Q_e \delta x_e + r_e w^2 \right) dt$$

$$Q_e = c_e^T c_e = (c \ 0)^T (c \ 0) = \begin{pmatrix} 0 \\ 1 \\ 0 \end{pmatrix} (0 \ 1 \ 0) = \begin{pmatrix} 0 & 0 & 0 \\ 0 & 1 & 0 \\ 0 & 0 & 0 \end{pmatrix}$$

そこで，重みとして $r_e = 1$ および 0.001 の二つの場合について LQ 問題を計算すれば，フィードバックゲインとしてそれぞれ

$$k_e = (0.0135 \ 0.0426 \ 3.42), \quad k_e = (4.44 \ 14.23 \ 62.2)$$

を得る．ここで，

$$Z = \begin{pmatrix} A & b \\ c & 0 \end{pmatrix} = \begin{pmatrix} -478 & -121.7 & 435 \\ 140 & 0 & 0 \\ 0 & 1 & 0 \end{pmatrix}$$

したがって，各重みに対するサーボ系のゲインとしてそれぞれ

$$(k_1 \ k_2) = k_e Z^{-1} = (0.00787 \ 0.0270 \ 1)$$

$$(k_1 \ k_2) = k_e Z^{-1} = (0.1429 \ 0.520 \ 31.6)$$

を得る．

図 **6.25** は評価関数の重み $r_e = 0.001$ としたときのシミュレーションを示す．重みが $r_e = 1$ のときは応答が遅く速度の整定時間は約 2 秒かかるが，そのシミュレーション結果については省く．

計算結果を見ると，先に示した他の二つの設計に比べたときの LQI 制御の特徴は，起動時に制御入力としての印加電圧は比較的になめらかに上昇しており，結果的に評価関数の設定が良好に制御入力の大きさに反映して，最大電圧の大きさも定常値と大きな差がない．この理由の一つは，速度偏差の信号は直列補償器である積分器を通るのに対して，前の二つの設計では積分ゲインに比べれば大きく設定され

た比例ゲインを通るという違いがあるということである.

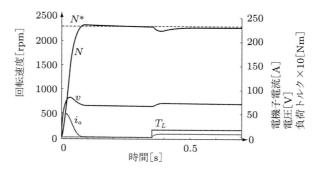

図 **6.25**　直流モータ LQI 速度制御系の応答

演 習 問 題 ●━━━━━━━━━━━━━━━━━━━━━━━━━━

[問題 6.1]　直流モータにおける界磁のつくる磁界と電機子電流の直交性についてくわしく説明せよ.

[問題 6.2]　直流モータに電圧をステップ状に印加した場合のシミュレーションを参照して, 速度が単調に増加を続けることはなく, 最終的にある値で落ち着く理由を物理的に説明せよ.

[問題 6.3]　直流モータの速度制御系を, 積分形レギュレータの構造として, レギュレータ理論ではなく極配置により設計する方法を述べよ.

演習問題解答 ●━━━━━━━━━━━━━━━

第 1 章

[解 1.1] 図 1.12 を参照.

[解 1.2] 導体板の領域では $\mathrm{div}\boldsymbol{D} = \mathrm{div}\,(D_{e_x}) = dD/dx = \rho > 0$, すなわち一定の傾きで増加し,それ以外では D の傾きは 0,すなわち D は一定となるグラフが得られる.結局 D は $x \geq b/2$ において $D > 0$, $x \leq b/2$ において $D < 0$ となる.これから,$x > 0$ において電束密度は x 軸の正方向を向き,$x < 0$ においては電束密度は x 軸の負の方向となる.したがって,発散 div は湧き出し量を表す演算であることがわかる.

[解 1.3] 導線を中心とする半径 r [m] の円に関してアンペールの法則を適用すると,磁界の強さは

$$H = \frac{I}{2\pi r} \qquad [\mathrm{A/m}]$$

となる.力線の向きは電流に対して右ねじを回す方向であり,力線の間隔は $1/r$ に比例することになるので,たとえば r が 2 倍の距離では間隔が $1/2$ 倍に,5 倍の距離では $1/5$ 倍の間隔となる.

[解 1.4] 導線の中心から $r \geq R$ の領域における磁界は問題 1.3 で導いた.$r \leq R$ においてはアンペールの法則を適用すると,

$$2\pi r H = \frac{r^2}{R^2}I$$

によって,$H = Ir/(2\pi R^2)$ となる.すなわち,磁界の強さが導線の外部では $1/r$ に比例するが,内部では r に比例する.

[解 1.5] 例題 1.4 参照.

[解 1.6] $1\,\mathrm{atm} = 1.013 \times 10^5\,\mathrm{N}\,/\,\mathrm{m}^2 = B^2/(2\mu_0) = \varepsilon_0 E^2/2$
とおけば,磁束密度は

$$B = \sqrt{2\mu_0 \times 1.013 \times 10^5} = \sqrt{2 \times 4\pi \times 10^{-7} \times 1.013 \times 10^5} = 0.505\,\mathrm{T}$$

一方,電界の強さは

$$E = \sqrt{2 \times 1.013 \times 10^5/\varepsilon_0} = \sqrt{2 \times 1.013 \times 10^5/8.85 \times 10^{-12}} = 1.51 \times 10^8\,\mathrm{V/m}$$

を得る.すなわち,1 気圧の応力を発生させる磁束密度は 0.505T,電界の強さは 1.51×10^8 V/m である.

[解 1.7] 磁束線を描いてみればわかるように,電流ループの内部にコイル面と垂直な磁束管が形成される.したがって,磁束管が幅方向に膨らもうとする応力によって,コイルは面積が最大となるような外向きの力を受ける.

第 2 章

[解 2.1] 例題 2.1 参照.

[解 2.2] 2.7 節参照.

[解 2.3] 2.7.2 項参照.

第 3 章

[解 3.1]　図 3.3 は BH 特性であるが，これを電気抵抗の変化と混同しないように注意しよう．電気抵抗は，第 1 種超電導体の場合臨界磁界以下で 0，それを超えると導体に比べれば大きな電気抵抗値をもつ．第 2 種超電導体は上部臨界磁界以下で電気抵抗が 0 となる．

[解 3.2]　コイルの巻数を N，電流を I [A] とおけば，起磁力 $NI = 700{,}000$ A と電流密度 $J = 3\,\text{A/m}^2$ より，断面積は

$$S = \frac{700{,}000}{3 \times 10^6} = 0.233\,\text{m}^2$$

すなわち，断面を正方形であるとすれば 1 辺が 0.483 m という非常に大きな断面をもつ．コイルの平均長さを $l_a =$(コイル長さ＋幅)×2 として求めると $l_a = 2.93$ m，またコイル素線の断面積を S_c と置けば，消費電力として

$$P = I^2 R = I^2 \rho \frac{l_a N}{S_c} = I^2 \rho \frac{l_a N}{S/N} = (NI)^2 \rho \frac{l_a}{S}$$

$$= \left(7 \times 10^5\right)^2 \times 2.06 \times 10^{-8} \times \frac{2.93}{0.233} \cong 127\,\text{kW}$$

を得る．電磁石 1 個でこのような膨大な電力を消費することになり，電気抵抗が 0 の超電導磁石を用いることの意義がわかる．ちなみに，コイルの重量は，銅線の比重 8.9 を用いて，重量 $M =$ 比重×(体積 $V = S l_a$)×1000 $\cong 6 \times 10^3$ kg となってしまう．

第 4 章

[解 4.1]　（ⅰ）　$Q=$一定の場合は

$$f = -\frac{Q^2}{2\varepsilon_0 S}$$

（ⅱ）　$V =$ 一定の場合は

$$f = -\frac{\varepsilon_0 S}{2x^2}V^2$$

[解 4.2]　電界による力を利用したアクチュエータの応力の限界は

$$\varepsilon_0 E^2/2 = 8.85 \times 10^{-12} \times \left(3 \times 10^6\right)^2 /2 = 39.8\,\text{N / m}^2 = 4.07 \times 10^{-4}\,\text{kgf / cm}^2$$

[解 4.3]　系の独立変数は電流 I と高さ z であるので，磁気随伴エネルギーを求めると

$$W'_m(I, z) = \frac{1}{2}L(z)I^2$$

したがって，コイルに働く高さ方向の力は

$$f = \frac{\partial}{\partial z}W'_m(I, z) = \frac{1}{2}I^2 \frac{d}{dz}\left(L_c - L_e e^{-\beta z}\right) = \frac{1}{2}\beta L_e I^2 e^{-\beta z}\,\text{[N]}$$

となり正の値をもつので，z が増加する向きの力であることから浮上力の発生を意味する．式の形から，コイルの浮上力は電流の 2 乗に比例することもわかる．

[解 4.4]　$B = \dfrac{\mu_0 c_T A_c^{3/4}}{2d}$

に $A_c \propto l^2$ を代入すると

$$B = \frac{\mu_0 c_T A_c^{3/4}}{2d} \propto \frac{\left(l^2\right)^{3/4}}{l} = l^{1/2}$$

を得る. すなわち, 磁束密度はスケーリングファクタの $1/2$ 乗に比例し, アクチュエータのサイズが小さくなると, その応力は寸法に比例して小さくなる.

[解 **4.5**]　1.1.3 項を参照.

第 5 章

[解 **5.1**]　図 5.18 のブロック線図を参照.

[解 **5.2**]　例題 5.3 を参照.

[解 **5.3**]　$\Delta i = 0$ のときは,

$$M\frac{d^2\Delta x}{dt^2} - c_1\Delta x = 0$$

と表されて, 負のばね係数をもつ力学系を表現しており, したがって不安定な系である. 次に, ギャップの増加に対しては電磁力の増加によりギャップの修正を行うように $\Delta i = k\Delta x$ とすれば,

$$M\frac{d^2\Delta x}{dt^2} - c_1\Delta x + c_2 k\Delta x = M\frac{d^2\Delta x}{dt^2} + (c_2 k - c_1)\Delta x = 0$$

　ここで, $c_2 k - c_1 > 0$ となるようにフィードバックゲイン k を選べば正のばね係数をもつことができる. しかし, 振動の減衰項をもたないために, いったん生じた振動は収まらず, 制御系としては安定限界にある. したがって, ギャップのフィードバックだけでは安定化できず, 状態フィードバックが示すように, ギャップの速度もフィードバック信号として必要であることがわかる.

第 6 章

[解 **6.1**]　6.1 節を参照.

[解 **6.2**]　6.2 節を参照.

[解 **6.3**]　直列補償器としての積分器を追加して制御対象を拡大した上で, 状態フィードバックゲインを 5.3.1 項を参照して決定する.

参 考 文 献 ●━━━━━━━━━━━━━━━━━━

本書を執筆するにあたって参考にさせていただいたものを，章の順番にそって以下に列挙する．

(1) W.K.H パノフスキー・M. フィリップス（林・西田訳）：電磁気学（上），吉岡書店，1978
(2) 山田直平：電気磁気学，電気学会，1974
(3) 太田昭男：新しい電磁気学，培風館，1994
(4) P. ハモンド（秋月他訳）：電磁気学の基礎，東京電機大学出版局，1983
(5) 電磁気学の教科書について（座談会），日本物理学会誌，Vol.29, No.12, pp.989-1001, 1974
(6) 広瀬立成：E と H，D と B，共立出版，1983
(7) 桂井誠：電磁気学の学び方，オーム社，1982
(8) 竹山節三：電磁気学現象理論，丸善，1982
(9) L. ソリマー（中村・河村訳）：科学技術者のための電磁理論，秀潤社，1978
(10) 宮副泰：電磁気学 I，II，朝倉書店，1983
(11) V.D. バーガー・M.G. オルソン（小林・土佐訳）：電磁気学 I，培風館，1996
(12) V.B.Rojansky：Electromagnetic Fields & Waves, Dover Publications, 1979
(13) D. ハリディ・R. レスニック・J. ウォーカー（野崎訳）：電磁気学，培風館，2002
(14) 三谷健次：電磁気学，共立全書，1973
(15) J.A. ストラットン（桜井訳）：電磁理論，生産技術センター，1979
(16) 岡崎清：電気材料工学演習，学献社，1976
(17) 成田賢仁・大重力：電気材料，森北出版，1976
(18) 中村弘：磁石の ABC，講談社，1987
(19) 電気学会マグネティックス技術委員会編：磁気工学の基礎と応用，コロナ社，1999
(20) P.Lorrain・D.R.Corson：Electromagentic Fields and Waves, Freeman & Toppan, 1970
(21) 大川光吉：永久磁石回転機，総合電子出版社，1978
(22) 神田貞之助：電磁気学，共立出版，1984
(23) 小池和雄：電磁力応用機器のダイナミックス，コロナ社，pp.63-78, 1990
(24) 今井功：電磁気学を考える，サイエンス社，1990
(25) 武富荒・近角聡信：磁性流体，日刊工業新聞社，1988
(26) NOK 株式会社ホームページ：http://www.nok.co.jp/
(27) 宮川洟：電子物性演習，工学図書，1975
(28) A.W.B. テイラー（田中訳）：超伝導，共立出版，1974
(29) A.C. ローズインネス・E.H. ロディリック（島本・安河内訳）：超電導入門，産業図書，1979
(30) 北田正弘・樽谷良信：超電導を知る事典，アグネ承風社，1991
(31) 増田正美・岩本雅民・新富孝和：超伝導エネルギー入門，オーム社，1992

(32)　田中靖三：酸化物超電導体とその応用，産業図書，1993

(33)　岩田章：応用超電導，講談社，1991

(34)　山村昌・菅原昌敬・塚本修巳・山本充義：超電導工学，電気学会，1978

(35)　山本文子：「酸化物超伝導体は今」，化学，Vol.56, No.6, pp.25-30, 2001

(36)　村上雅人：高温超伝導の材料科学，内田老鶴圃，1999

(37)　超電導リニアドライブ応用技術調査専門委員会：電気学会技術報告第 582 号，1996

(38)　岡田隆夫・大西和夫・仁田旦三・白井康之：電気機器 (2)，オーム社，1995

(39)　低温工学協会編：超伝導・低温工学ハンドブック，オーム社，1993

(40)　A.E.Fitzgerald・C.Kingsley,Jr.：Electric Machinery, MaGraw-Hill Book, 1961

(41)　H.H. ウッドソン・J.R. メルヒャー（大越・二宮訳）：電気力学 I，産業図書，1974

(42)　宮入庄太：エネルギー変換工学入門 上，丸善，1973

(43)　大森英樹：力学的な微分幾何（数学セミナー増刊），日本評論社，1980

(44)　J.Lux：High Voltage Experimenter's Handbook,
　　　http://home.earthlink.net/~jimlux/hv/hvmain.htm, 2003

(45)　P.L.Chapman・P.T.Krein："Perspectives on Micoromotors and Electric Drives",
　　　IEEE Industry Applications Magazine, Jan/Feb, 2003

(46)　藤田博之：マイクロマシンの世界，工業調査会，1992

(47)　小島善一郎・金井義弥：電気機器設計演習，工学図書，1971

(48)　R. リヒター（廣瀬監修・一木他訳）：電気機械原論，コロナ社，1972

(49)　松川宏：「摩擦の物理」，表面科学，Vol.24, No.6, pp.328-333, 2003

(50)　安藤泰久：「凝着力と摩擦力の関係」，http://staff.aist.go.jp/yas.ando

(51)　B.V.Jayawant："Electromagnetic suspension and levitation", IEE Proc., Vol.129,
　　　Pt.A, No.8, pp.549-580, 1982

(52)　平川浩正：電磁気学，培風館，1979

(53)　浜田望・松本直樹・高橋徹：現代制御理論入門，コロナ社，1998

(54)　小郷寛・美多勉：システム制御理論入門，実教出版，1991

(55)　古田勝久他：メカニカルシステム制御，オーム社，1998

(56)　杉本英彦・小山正人・玉井伸三：AC サーボシステムの理論と設計の実際，総合電子
　　　出版，1990

(57)　木村英紀・美多勉・新誠一・葛谷秀樹：制御系設計理論と CAD ツール，コロナ社，
　　　1998

索　　引

著者略歴

坂本 哲三（さかもと・てつぞう）

1981 年　九州大学大学院工学研究科修士課程修了
1984 年　九州大学大学院工学研究科博士課程単位取得
1992 年　九州工業大学助教授
2002 年　九州工業大学教授
現在に至る
工学博士

電気機器の電気力学と制御　　　　　　　　　　© 坂本哲三　*2007*

2007 年 10 月 15 日　第 1 版第 1 刷発行　　　【本書の無断転載を禁ず】

著　　　者　坂本哲三
発 行 者　森北博巳
発 行 所　森北出版株式会社
　　　　　　東京都千代田区富士見 1-4-11（〒 102-0071）
　　　　　　電話 03-3265-8341 ／ FAX 03-3264-8709
　　　　　　http://www.morikita.co.jp/
　　　　　　日本書籍出版協会・自然科学書協会・工学書協会　会員
　　　　　　JCLS <（株）日本著作出版権管理システム委託出版物>

落丁・乱丁本はお取替えいたします　　　　印刷／モリモト印刷・製本／協栄製本

Printed in Japan ／ ISBN978-4-627-74271-0

電気機器の電気力学と制御 ［POD版］

2018年1月30日	発行

著　者　　坂本　哲三

発行者　　森北　博巳

発　行　　**森北出版株式会社**
〒102-0071
東京都千代田区富士見1-4-11
TEL　03-3265-8341　　FAX　03-3264-8709
http://www.morikita.co.jp/

印刷・製本　　**ココデ印刷株式会社**
〒173-0001
東京都板橋区本町34-5

ISBN978-4-627-74279-6　　　　　Printed in Japan

2019.04.19